2020

ANNUAL STATISTIC REPORT ON ECOLOGY AND ENVIRONMENT IN CHINA

中国生态环境统计年报

中华人民共和国生态环境部 编
MINISTRY OF ECOLOGY AND ENVIRONMENT
OF THE PEOPLE'S REPUBLIC OF CHINA

中国环境出版集团·北京

图书在版编目（CIP）数据

中国生态环境统计年报.2020/中华人民共和国生态环境部
编.—北京：中国环境出版集团，2022.1

ISBN 978-7-5111-5047-9

Ⅰ.①中… Ⅱ.①中… Ⅲ.①环境统计－统计资料－
中国—2020—年报 Ⅳ.①X508.2-54

中国版本图书馆 CIP 数据核字（2022）第 022314 号

出 版 人	武德凯
责任编辑	殷玉婷
责任校对	任 丽
封面设计	彭 杉

出版发行　中国环境出版集团
　　　　　（100062　北京市东城区广渠门内大街 16 号）
　　　　　网　　　址：http://www.cesp.com.cn
　　　　　电子邮箱：bjgl@cesp.com.cn
　　　　　联系电话：010-67112765（编辑管理部）
　　　　　发行热线：010-67125803，010-67113405（传真）
印　　刷　北京中科印刷有限公司
经　　销　各地新华书店
版　　次　2022 年 1 月第 1 版
印　　次　2022 年 1 月第 1 次印刷
开　　本　880×1230　1/16
印　　张　12.25
字　　数　318 千字
定　　价　120.00 元

编委会

《中国生态环境统计年报 2020》

主　任	赵英民
副主任	孙守亮　陈善荣　吴季友　田成川　朱广庆　周志强　刘廷良
编　委	（以姓氏笔画为序）

马广文　马　磊　王　鑫　石晓群　刘筱璇　吕　卓　吕　奔
吕春生　何立环　何　劲　吴大千　张凤英　张高硕　张　震
李一龙　李　曼　杨　斌　周　密　林兰钰　范志国　郑　愨
胡　明　赵文江　赵银慧　黄志辉　童　莉　董广霞　熊　晶
臧春鑫

主　编	吴季友　田成川　刘廷良
副主编	童　莉　何立环　马广文　董广霞　赵文江
编　辑	（以姓氏笔画为序）

马烈娟　尹　平　方　奕　王文玲　王成贵　王秀臣　王国闯
王　珍　王　健　王海林　王　爽　王　勤　邓　岳　韦和章
叶　堤　白　金　刘　芳　刘　佳　刘继莉　刘　捷　刘　超
刘源源　刘韶倩　吕　丹　孙　昊　孙贵东　孙　猛　安海燕
朱文霞　米玛扎西　何　明　余淑娟　吴陈诚　吴　婷　吴湘涟
宋亚雄　宋国龙　张　月　张孝棋　张建国　张　玮　李　三
李小玲　李　飞　李玉华　李宝娟　李诚思　李　科　李晓雨
李　萍　李　博　杏　艳　杨正举　杨　帆　杨　扬　杨　斌
汪先锋　汪新华　肖　灵　苏海燕　苏雷霖　陈兴涛　陈武权
陈政燕　陈　洋　陈福瑾　陈　静　陈德容　陈　鑫　宝中华
林志凌　俞　鹏　施　磊　胡荣国　胡鹤飞　赵　倩　唐天征
班惠昭　贾　曼　郭洪涛　郭　琦　铁　程　高　谭　崔　彤
符致钦　程　龙　蒋小兰　谢　晔　谭海涛　谭　菊　黎慧卉

各章编写作者

编者说明

一、本年报资料覆盖全国 31 个省（自治区、直辖市）及新疆生产建设兵团数据，未包括香港特别行政区、澳门特别行政区以及台湾省数据。

二、本年报主要反映全国污染物排放及治理、生态环境管理等情况。主要内容包括调查对象基本情况、废水污染物排放情况、废气污染物排放情况、工业固体废物和危险废物产生及处理情况、化学品环境国际公约管控物质生产或库存情况、污染治理设施运行情况、生态环境污染治理投资、生态环境管理和全国辐射环境水平等。

三、统计范围

本年报统计范围为有污染物产生或排放的工业污染源（以下简称工业源）、农业污染源（以下简称农业源）、生活污染源（以下简称生活源）、集中式污染治理设施、移动源。

工业源涵盖《国民经济行业分类》（GB/T 4754—2017）中行业代码为 05～46 的 42 个大类行业，其中废水化学需氧量、氨氮、总氮和总磷排放量含废水非重点调查单位估算量。

农业源涉及畜禽养殖业、种植业和水产养殖业。

生活源废水污染统计范围涵盖居民生活和《国民经济行业分类》（GB/T 4754—2017）中的第三产业；废气污染统计范围涵盖居民生活和《国民经济行业分类》（GB/T 4754—2017）中的第三产业、第一产业中的 05 大类行业和工业源废气非重点调查单位。

集中式污染治理设施统计范围为集中式污水处理单位、生活垃圾集中处理处置单位、危险废物集中利用处置（处理）单位。

移动源统计范围为机动车。

生态环境管理反映生态环境系统自身能力建设、业务工作进展及成果等情况，主要包括环境信访、环境法规与标准、环保产业、环境科技、环境影响评价与排污许可、环境监测、辐射环境监测、生态环境执法、环境应急情况的内容。

四、本年报中，所有分项加和与占比数据由于单位取舍不同或修约而产生的计算误差，均未做机械调整。

目录

9 各地区污染排放及治理统计 58～94

10 各工业行业污染排放及治理统计 95～114

11 重点城市/区域废气污染排放及治理统计 115～131

12 重点流域工业废水污染排放及治理统计　　132~138

13 各地区生态环境管理统计　　139~166

14 主要生态环境统计指标解释　　162~184

综　述

2020 年是全面建成小康社会和"十三五"规划的收官之年，是保障"十四五"顺利起航的奠基之年。党中央、国务院高度重视生态环境保护工作，习近平生态文明思想深入人心，绿色低碳循环发展有力推进，生态环境治理体系不断完善，生态文明建设改革举措落地见效，"绿水青山就是金山银山"的理念已经成为全党全社会的共识和行动指南。

2020 年，全国废水中化学需氧量排放量为 2 564.8 万吨，其中，工业源废水中化学需氧量排放量为 49.7 万吨，农业源化学需氧量排放量为 1 593.2 万吨，生活源污水中化学需氧量排放量为 918.9 万吨，集中式污染治理设施废水（含渗滤液）中化学需氧量排放量为 2.9 万吨。全国废水中氨氮排放量为 98.4 万吨，其中，工业源废水中氨氮排放量为 2.1 万吨，农业源氨氮排放量为 25.4 万吨，生活源污水中氨氮排放量为 70.7 万吨，集中式污染治理设施废水（含渗滤液）中氨氮排放量为 0.2 万吨。

2020 年，全国废气中二氧化硫排放量为 318.2 万吨，其中，工业源废气中二氧化硫排放量为 253.2 万吨，生活源废气中二氧化硫排放量为 64.8 万吨，集中式污染治理设施废气中二氧化硫排放量为 0.3 万吨。全国废气中氮氧化物排放量为 1 019.7 万吨，其中，工业源废气中氮氧化物排放量为 417.5 万吨，生活源废气中氮氧化物排放量为 33.4 万吨，移动源废气中氮氧化物排放量为 566.9 万吨，集中式污染治理设施废气中氮氧化物排放量为 1.9 万吨。全国废气中颗粒物排放量为 611.4 万吨，其中，工业源废气中颗粒物排放量为 400.9 万吨，生活源废气中颗粒物排放量为 201.6 万吨，移动源废气中颗粒物排放量为 8.5 万吨，集中式污染治理设施废气中颗粒物排放量为 0.3 万吨。全国废气中挥发性有机物排放量为 610.2 万吨，其中，工业源废气中挥发性有机物排放量为 217.1 万吨，生活源废气中挥发性有机物排放量为 182.5 万吨，移动源废气中挥发性有机物排放量为 210.5 万吨。

2020 年，全国一般工业固体废物产生量为 36.8 亿吨，综合利用量为 20.4 亿吨，处置量为 9.2 亿吨。全国工业危险废物产生量为 7 281.8 万吨，利用处置量为 7 630.5 万吨。

2020 年，调查统计污水处理厂 11 055 家（含日处理能力 500 吨及以上的农村污水处理设施），设计处理能力为 2.7 亿吨/日，共处理废水 811.3 亿吨；调查统计生活垃圾处理场（厂）2 277 家，生活垃圾填埋量 2.2 亿吨、焚烧量 4 507.3 万吨；调查统计危险废物集中处理厂 1 380 家、医疗废物集中处理厂 371 家，实际处置危险废物 1 240.0 万吨。

1

调查对象

1.1　调查对象总体情况

工业源对重点调查单位逐家调查，农业源对省级行政单位整体调查，生活源对地级行政单位整体调查，集中式污染治理设施对重点调查单位逐家调查，移动源对地级行政单位整体调查。

2020 年，工业源和集中式污染治理设施调查对象共 185 702 家，其中，工业企业 170 619 家，污水处理厂 11 055 家，生活垃圾处理场（厂）2 277 家（含餐厨垃圾集中处理厂 43 家），危险废物集中处理厂 1 380 家，医疗废物集中处理厂 371 家。调查对象数量排名前三的地区依次为广东、浙江和河北，分别为 20 008 家、18 705 家和 12 797 家。2020 年各地区调查对象数量分布情况见图 1-1。

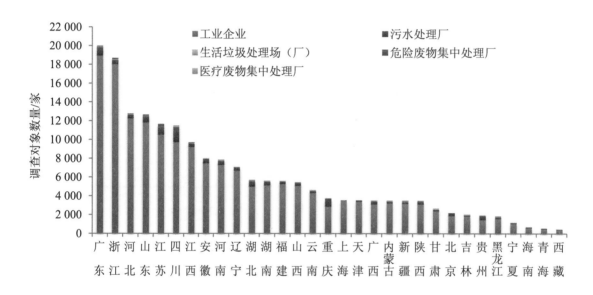

图 1-1　2020 年各地区调查对象数量分布情况

1.2　工业源调查基本情况

2020 年，全国重点调查工业企业 170 619 家，其中，有废水污染物产生或排放的企业 73 152 家，有废气污染物产生或排放的企业 153 818 家，有一般工业固体废物产生的企业 116 434 家，有工业危险废物产生的企业 80 903 家。

调查工业企业数量排名前三的地区依次为广东、浙江和河北，分别为 18 949 家、

18 012 家和 12 263 家。2020 年各地区调查工业企业数量分布情况见图 1-2。

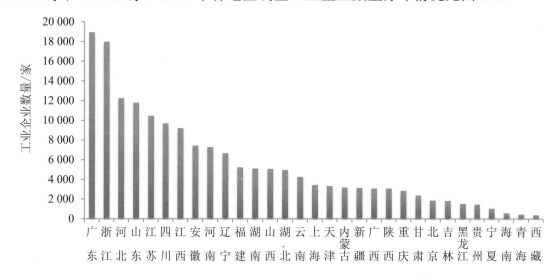

图 1-2　2020 年各地区调查工业企业数量分布情况

1.3　农业源调查基本情况

2020 年，对全国 31 个省（自治区、直辖市）和新疆生产建设兵团开展了农业源统计调查。

1.4　生活源调查基本情况

2020 年，对全国 31 个省（自治区、直辖市）和新疆生产建设兵团的 383 个行政单位开展了生活源统计调查。

1.5　集中式污染治理设施调查基本情况①

2020 年，全国共调查了 11 055 家污水处理厂、2 277 家生活垃圾处理场（厂）（含 43 家餐厨垃圾集中处理厂）、1 380 家危险废物集中处理厂、371 家医疗废物集中处理厂。

---

① 2020 年，垃圾焚烧发电厂和水泥窑协同处置垃圾的企业全部纳入工业源调查统计，不再纳入集中式污染治理设施调查统计，下同。

集中式污染治理设施调查数量排名前三的地区依次为四川、江苏和广东,分别为 1 780 家、1 165 家和 1 059 家。2020 年各地区调查集中式污染治理设施数量分布情况见图 1-3。

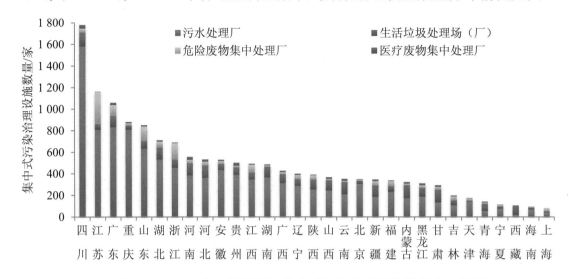

图 1-3　2020 年各地区调查集中式污染治理设施数量分布情况

1.6　移动源调查基本情况

2020 年,对全国 31 个省(自治区、直辖市)和新疆生产建设兵团的 363 个行政单位开展了移动源统计调查。

2

废水污染物

2.1 化学需氧量排放情况

2.1.1 全国及分源排放情况

2020年，全国废水中化学需氧量排放量为2 564.8万吨。其中，工业源（含非重点）废水中化学需氧量排放量为49.7万吨，占全国废水中化学需氧量排放量的1.9%；农业源化学需氧量排放量为1 593.2万吨，占全国废水中化学需氧量排放量的62.1%；生活源污水中化学需氧量排放量为918.9万吨，占全国废水中化学需氧量排放量的35.8%；集中式污染治理设施废水（含渗滤液）中化学需氧量排放量为2.9万吨，占全国废水中化学需氧量排放量的0.1%。2020年全国及分源化学需氧量排放情况见表2-1。

表2-1 2020年全国及分源化学需氧量排放情况

项目	合计	工业源	农业源	生活源	集中式污染治理设施
排放量/万吨	2 564.8	49.7	1 593.2	918.9	2.9
占比/%	—	1.9	62.1	35.8	0.1

注：①集中式污染治理设施废水（含渗滤液）中污染物排放量指生活垃圾处理场（厂）和危险废物（医疗废物）集中处理厂废水（含渗滤液）中污染物的排放量，下同。

②本年报表中"—"表示无此项指标或不宜计算，"..."表示由于数字太小，修约后小于保留的最小位数无法显示。

2.1.2 各地区及分源排放情况

2020年，化学需氧量排放量排名前五的地区依次为广东、山东、湖北、黑龙江和湖南，排放量合计为764.6万吨，占全国化学需氧量排放量的29.8%。工业源化学需氧量排放量最大的地区是江苏，农业源化学需氧量排放量最大的地区是黑龙江，生活源化学需氧量排放量最大的地区是广东。2020年各地区化学需氧量排放情况见图2-1。

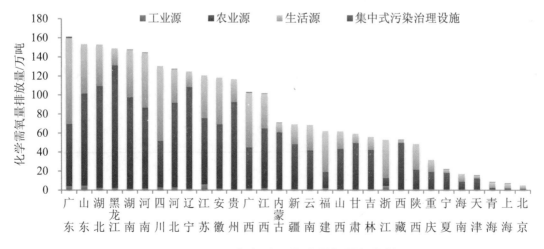

图2-1 2020年各地区化学需氧量排放情况

2.1.3 各工业行业排放情况

2020年，在调查统计的42个工业行业中，化学需氧量排放量排名前三的行业依次为纺织业、化学原料和化学制品制造业、农副食品加工业。3个行业的排放量合计为17.2万吨，占全国工业源重点调查企业化学需氧量排放量的39.7%。2020年各工业行业化学需氧量排放情况见图2-2。

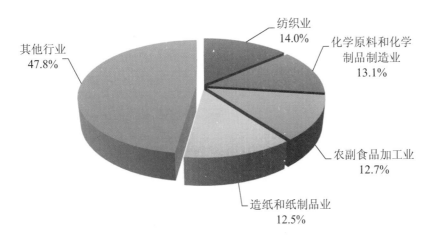

图 2-2　2020 年各工业行业化学需氧量排放情况

2.2　氨氮排放情况

2.2.1　全国及分源排放情况

2020年，全国废水中氨氮排放量为98.4万吨。其中，工业源（含非重点）氨氮排放量为2.1万吨，占全国氨氮排放量的2.2%；农业源氨氮排放量为25.4万吨，占全国氨氮排放量的25.8%；生活源氨氮排放量为70.7万吨，占全国氨氮排放量的71.8%；集中式污染治理设施废水（含渗滤液）中氨氮排放量为0.2万吨，占全国氨氮排放量的0.2%。2020年全国及分源氨氮排放情况见表2-2。

表 2-2　2020 年全国及分源氨氮排放情况

项目	合计	工业源	农业源	生活源	集中式污染治理设施
排放量/万吨	98.4	2.1	25.4	70.7	0.2
占比/%	—	2.2	25.8	71.8	0.2

2.2.2 各地区及分源排放情况

2020 年，氨氮排放量排名前五的地区依次为广东、四川、广西、湖南和湖北，排放量合计为 37.9 万吨，占全国氨氮排放量的 38.5%。工业源氨氮排放量最大的地区是江苏，农业源氨氮排放量最大的地区是湖南，生活源氨氮排放量最大的地区是广东。2020 年各地区氨氮排放情况见图 2-3。

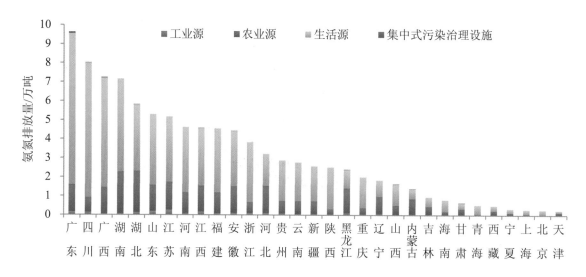

图 2-3　2020 年各地区氨氮排放情况

2.2.3 各工业行业排放情况

2020 年，在调查统计的 42 个工业行业中，氨氮排放量排名前三的行业依次为化学原料和化学制品制造业、农副食品加工业、纺织业。3 个行业的排放量合计为 0.8 万吨，占全国工业源重点调查企业氨氮排放量的 42.9%。2020 年各工业行业氨氮排放情况见图 2-4。

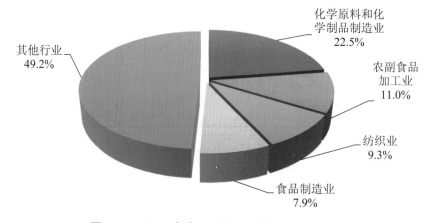

图 2-4　2020 年各工业行业氨氮排放情况

2.3 总氮排放情况

2.3.1 全国及分源排放情况

2020 年，全国废水中总氮排放量为 322.3 万吨。其中，工业源（含非重点）总氮排放量为 11.4 万吨，占全国总氮排放量的 3.5%；农业源总氮排放量为 158.9 万吨，占全国总氮排放量的 49.3%；生活源总氮排放量为 151.6 万吨，占全国总氮排放量的 47.0%；集中式污染治理设施废水（含渗滤液）中总氮排放量为 0.4 万吨，占全国总氮排放量的 0.1%。2020 年全国及分源总氮排放情况见表 2-3。

表 2-3　2020 年全国及分源总氮排放情况

项目	合计	工业源	农业源	生活源	集中式污染治理设施
排放量/万吨	322.3	11.4	158.9	151.6	0.4
占比/%	—	3.5	49.3	47.0	0.1

2.3.2 各地区及分源排放情况

2020 年，总氮排放量排名前五的地区依次为广东、广西、湖南、四川和湖北，排放量合计为 111.4 万吨，占全国总氮排放量的 34.5%。工业源总氮排放量最大的地区是江苏，农业源总氮排放量最大的地区是广西，生活源总氮排放量最大的地区是广东。2020 年各地区总氮排放情况见图 2-5。

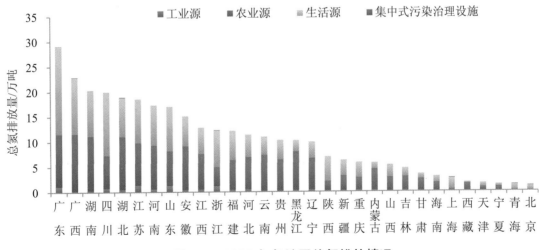

图 2-5　2020 年各地区总氮排放情况

2.3.3 各工业行业排放情况

2020 年，在调查统计的 42 个工业行业中，总氮排放量排名前三的行业依次为化学原料和化学制品制造业、纺织业、农副食品加工业。3 个行业的排放量合计为 3.8 万吨，占全国工业源重点调查企业总氮排放量的 43.7%。2020 年各工业行业总氮排放情况见图 2-6。

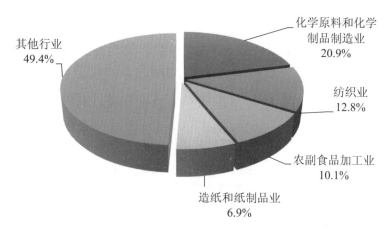

图 2-6　2020 年各工业行业总氮排放情况

2.4　总磷排放情况

2.4.1　全国及分源排放情况

2020 年，全国废水中总磷排放量为 33.7 万吨。其中，工业源（含非重点）总磷排放量为 0.4 万吨，占全国总磷排放量的 1.1%；农业源总磷排放量为 24.6 万吨，占全国总磷排放量的 73.2%；生活源总磷排放量为 8.7 万吨，占全国总磷排放量的 25.7%；集中式污染治理设施废水（含渗滤液）中总磷排放量为 101.7 吨，占全国总磷排放量的 0.03%。2020 年全国及分源总磷排放情况见表 2-4。

表 2-4　2020 年全国及分源总磷排放情况

项目	合计	工业源	农业源	生活源	集中式污染治理设施
排放量/万吨	33.7	0.4	24.6	8.7	0.01
占比/%	—	1.1	73.2	25.7	0.03

2.4.2 各地区及分源排放情况

2020 年，总磷排放量排名前五的地区依次为广东、湖北、湖南、广西和江苏，排放量合计为 12.0 万吨，占全国总磷排放量的 35.7%。工业源总磷排放量最大的地区是江苏，农业源和生活源总磷排放量最大的地区都是广东。2020 年各地区总磷排放情况见图 2-7。

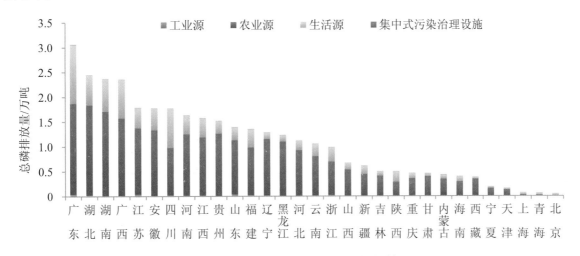

图 2-7 2020 年各地区总磷排放情况

2.4.3 各工业行业排放情况

2020 年，在调查统计的 42 个工业行业中，总磷排放量排名前三的行业依次为农副食品加工业、化学原料和化学制品制造业、纺织业。3 个行业的排放量合计为 0.1 万吨，占全国工业源重点调查企业总磷排放量的 46.5%。2020 年各工业行业总磷排放情况见图 2-8。

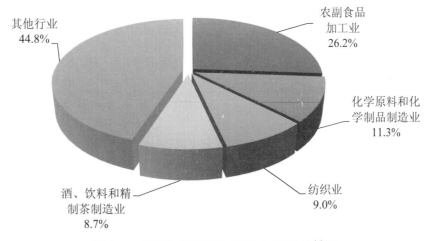

图 2-8 2020 年各工业行业总磷排放情况

2.5 其他污染物排放情况

2020 年，全国废水中石油类排放量为 3 734.0 吨，挥发酚排放量为 59.8 吨，氰化物排放量为 42.5 吨，重金属排放量为 73.1 吨。2020 年全国废水中其他污染物排放情况见表 2-5。

表 2-5 2020 年全国废水中其他污染物排放情况   单位：吨

排放源	石油类	挥发酚	氰化物	重金属
工业源	3 734.0	59.8	42.4	67.5
集中式污染治理设施	—	0.05	0.1	5.6
合计	3 734.0	59.8	42.5	73.1

3

废气污染物

3.1 二氧化硫排放情况

3.1.1 全国及分源排放情况

2020 年，全国二氧化硫排放量为 318.2 万吨。其中，工业源二氧化硫排放量为 253.2 万吨，占全国二氧化硫排放量的 79.6%；生活源二氧化硫排放量为 64.8 万吨，占全国二氧化硫排放量的 20.4%；集中式污染治理设施二氧化硫排放量为 0.3 万吨，占全国二氧化硫排放量的 0.1%。2020 年全国及分源二氧化硫排放情况见表 3-1。

表 3-1　2020 年全国及分源二氧化硫排放情况

项目	合计	工业源	生活源	集中式污染治理设施
排放量/万吨	318.2	253.2	64.8	0.3
占比/%	—	79.6	20.4	0.1

注：集中式污染治理设施废气污染物包括生活垃圾处理场（厂）和危险废物（医疗废物）集中处理厂焚烧废气中排放的污染物，下同。

3.1.2 各地区及分源排放情况

2020 年，二氧化硫排放量排名前五的地区依次为内蒙古、辽宁、山东、贵州和云南，排放量合计为 102.7 万吨，占全国二氧化硫排放量的 32.3%。工业源二氧化硫排放量最大的地区是内蒙古，生活源二氧化硫排放量最大的地区是辽宁。2020 年各地区二氧化硫排放情况见图 3-1。

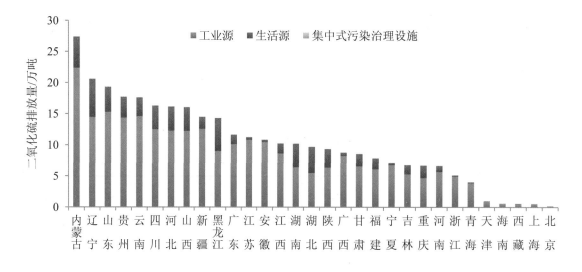

图 3-1　2020 年各地区二氧化硫排放情况

3.1.3 各工业行业排放情况

3.1.3.1 行业总体情况

2020 年，在调查统计的 42 个工业行业中，二氧化硫排放量排名前三的工业行业依次为电力、热力生产和供应业，非金属矿物制品业，黑色金属冶炼和压延加工业。3 个行业的二氧化硫排放量合计为 173.0 万吨，占全国工业源二氧化硫排放量的 68.3%。2020 年各工业行业二氧化硫排放情况见图 3-2。

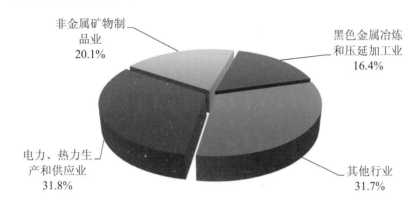

图 3-2　2020 年各工业行业二氧化硫排放情况

3.1.3.2 电力、热力生产和供应业

2020 年，电力、热力生产和供应业二氧化硫排放量为 80.5 万吨，占全国工业源二氧化硫排放量的 31.8%。电力、热力生产和供应业二氧化硫排放量排名前四的地区依次为贵州、内蒙古、辽宁和黑龙江。4 个地区的电力、热力生产和供应业二氧化硫排放量占全国电力、热力生产和供应业二氧化硫排放量的 41.0%。2020 年各地区电力、热力生产和供应业二氧化硫排放情况见图 3-3。

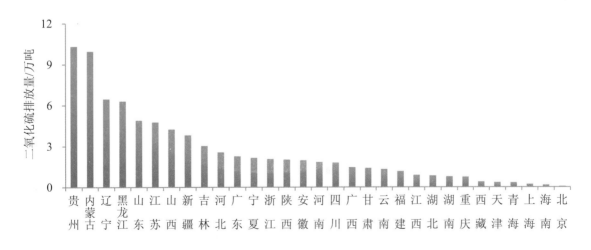

图 3-3　2020 年各地区电力、热力生产和供应业二氧化硫排放情况

2020 年，火力发电企业二氧化硫排放量为 37.4 万吨，占全国工业源二氧化硫排放量的 14.8%。火力发电企业二氧化硫排放量排名前四的地区依次为贵州、内蒙古、山西和江苏。4 个地区的火力发电企业二氧化硫排放量占全国火力发电企业二氧化硫排放量的 47.2%。2020 年各地区火力发电企业二氧化硫排放情况见图 3-4。

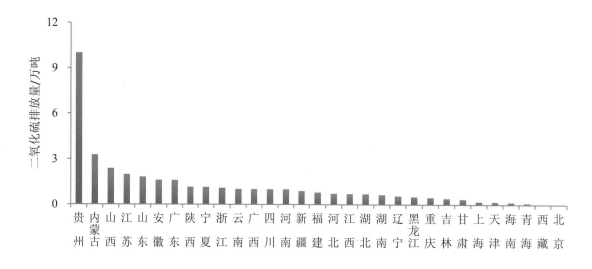

图 3-4　2020 年各地区火力发电企业二氧化硫排放情况

3.1.3.3　非金属矿物制品业

2020 年，非金属矿物制品业二氧化硫排放量为 50.9 万吨，占全国工业源二氧化硫排放量的 20.1%。非金属矿物制品业二氧化硫排放量排名前四的地区依次为安徽、江西、四川和山东。4 个地区的非金属矿物制品业二氧化硫排放量占全国非金属矿物制品业二氧化硫排放量的 30.7%。2020 年各地区非金属矿物制品业二氧化硫排放情况见图 3-5。

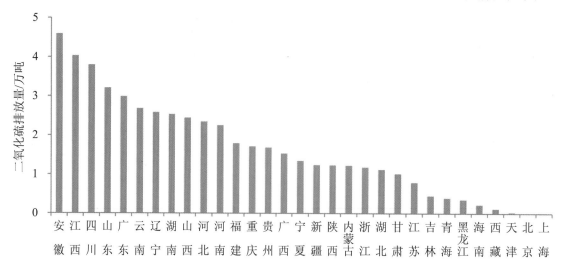

图 3-5　2020 年各地区非金属矿物制品业二氧化硫排放情况

3.1.3.4 黑色金属冶炼和压延加工业

2020 年，黑色金属冶炼和压延加工业二氧化硫排放量为 41.5 万吨，占全国工业源二氧化硫排放量的 16.4%。黑色金属冶炼和压延加工业二氧化硫排放量排名前四的地区依次为河北、江苏、四川和辽宁。4 个地区的黑色金属冶炼和压延加工业二氧化硫排放量占全国黑色金属冶炼和压延加工业二氧化硫排放量的 39.0%。2020 年各地区黑色金属冶炼和压延加工业二氧化硫排放情况见图 3-6。

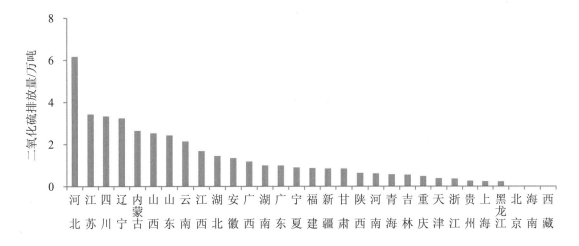

图 3-6　2020 年各地区黑色金属冶炼和压延加工业二氧化硫排放情况

3.2　氮氧化物排放情况

3.2.1　全国及分源排放情况

2020 年，全国氮氧化物排放量为 1 019.7 万吨。其中，工业源氮氧化物排放量为 417.5 万吨，占全国氮氧化物排放量的 40.9%；生活源氮氧化物排放量为 33.4 万吨，占全国氮氧化物排放量的 3.3%；移动源氮氧化物排放量为 566.9 万吨，占全国氮氧化物排放量的 55.6%；集中式污染治理设施氮氧化物排放量为 1.9 万吨，占全国氮氧化物排放量的 0.2%。2020 年全国及分源氮氧化物排放情况见表 3-2。

表 3-2　2020 年全国及分源氮氧化物排放情况

项目	合计	工业源	生活源	移动源	集中式污染治理设施
排放量/万吨	1 019.7	417.5	33.4	566.9	1.9
占比/%	—	40.9	3.3	55.6	0.2

3.2.2 各地区及分源排放情况

2020 年，氮氧化物排放量排名前五的地区依次为河北、山东、广东、辽宁和山西，排放量合计为 314.5 万吨，占全国氮氧化物排放量的 30.8%。工业源氮氧化物排放量最大的地区是山西，生活源和移动源氮氧化物排放量最大的地区都是河北。2020 年各地区氮氧化物排放情况见图 3-7。

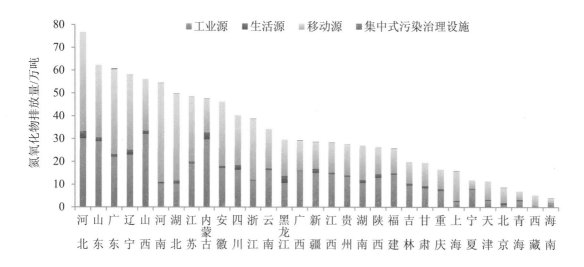

图 3-7　2020 年各地区氮氧化物排放情况

3.2.3 各工业行业排放情况

3.2.3.1 行业总体情况

2020 年，在调查统计的 42 个工业行业中，氮氧化物排放量排名前三的工业行业依次为电力、热力生产和供应业，非金属矿物制品业，黑色金属冶炼和压延加工业。3 个行业的氮氧化物排放量合计为 328.8 万吨，占全国工业源氮氧化物排放量的 78.8%。2020 年各工业行业氮氧化物排放情况见图 3-8。

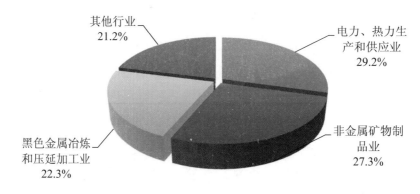

图 3-8　2020 年各工业行业氮氧化物排放情况

3.2.3.2 电力、热力生产和供应业

2020 年，电力、热力生产和供应业氮氧化物排放量为 121.9 万吨，占全国工业源氮氧化物排放量的 29.2%。电力、热力生产和供应业氮氧化物排放量排名前四的地区依次为内蒙古、山东、江苏和辽宁。4 个地区的电力、热力生产和供应业氮氧化物排放量占全国电力、热力生产和供应业氮氧化物排放量的 32.2%。2020 年各地区电力、热力生产和供应业氮氧化物排放情况见图 3-9。

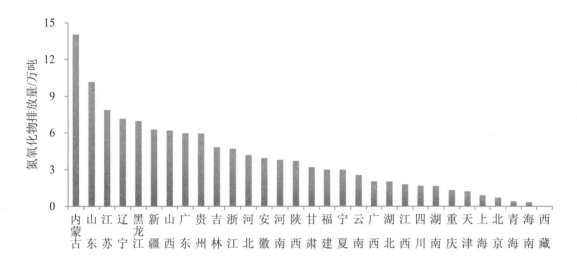

图 3-9 2020 年各地区电力、热力生产和供应业氮氧化物排放情况

2020 年，火力发电企业氮氧化物排放量为 61.2 万吨，占全国工业源氮氧化物排放量的 14.7%。火力发电企业氮氧化物排放量排名前四的地区依次为内蒙古、贵州、江苏和山东。4 个地区的火力发电企业氮氧化物排放量占全国火力发电企业氮氧化物排放量的 55.9%。2020 年各地区火力发电企业氮氧化物排放情况见图 3-10。

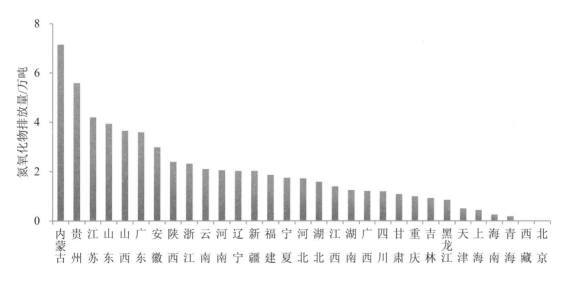

图 3-10 2020 年各地区火力发电企业氮氧化物排放情况

3.2.3.3 非金属矿物制品业

2020 年，非金属矿物制品业氮氧化物排放量为 114.0 万吨，占全国工业源氮氧化物排放量的 27.3%。非金属矿物制品业氮氧化物排放量排名前四的地区依次为广东、江西、安徽和广西。4 个地区的非金属矿物制品业氮氧化物排放量占全国非金属矿物制品业氮氧化物排放量的 29.1%。2020 年各地区非金属矿物制品业氮氧化物排放情况见图 3-11。

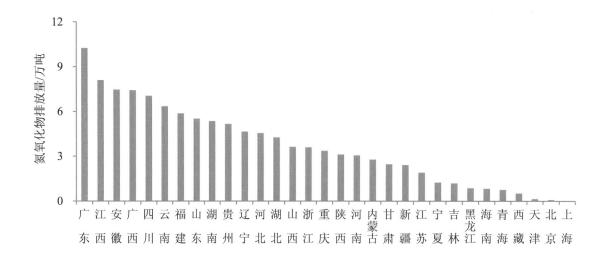

图 3-11　2020 年各地区非金属矿物制品业氮氧化物排放情况

2020 年，水泥制造企业（以下简称水泥企业）氮氧化物排放量为 72.2 万吨，占全国工业源氮氧化物排放量的 17.3%。水泥企业氮氧化物排放量排名前四的地区依次为广东、云南、安徽和广西。4 个地区的水泥企业氮氧化物排放量占全国水泥企业氮氧化物排放量的 29.4%。2020 年各地区水泥企业氮氧化物排放情况见图 3-12。

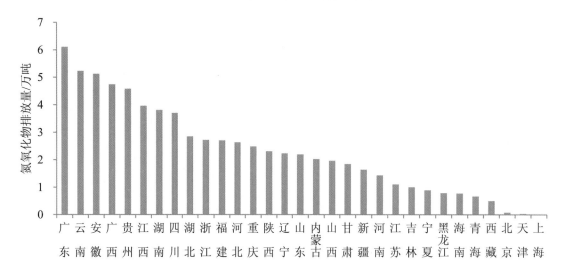

图 3-12　2020 年各地区水泥企业氮氧化物排放情况

3.2.3.4 黑色金属冶炼和压延加工业

2020 年，黑色金属冶炼和压延加工业氮氧化物排放量为 92.9 万吨，占全国工业源氮氧化物排放量的 22.3%。黑色金属冶炼和压延加工业氮氧化物排放量排名前四的地区依次为河北、辽宁、山东和江苏。4 个地区的黑色金属冶炼和压延加工业氮氧化物排放量占全国黑色金属冶炼和压延加工业氮氧化物排放量的 41.6%。2020 年各地区黑色金属冶炼和压延加工业氮氧化物排放情况见图 3-13。

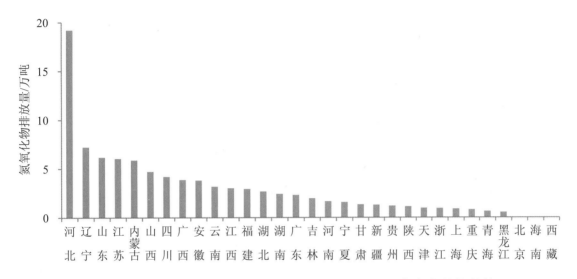

图 3-13 2020 年各地区黑色金属冶炼和压延加工业氮氧化物排放情况

3.3 颗粒物排放情况

3.3.1 全国及分源排放情况

2020 年，全国颗粒物排放量为 611.4 万吨。其中，工业源颗粒物排放量为 400.9 万吨，占全国颗粒物排放量的 65.6%；生活源颗粒物排放量为 201.6 万吨，占全国颗粒物排放量的 33.0%；移动源颗粒物排放量为 8.5 万吨，占全国颗粒物排放量的 1.4%；集中式污染治理设施颗粒物排放量为 0.3 万吨，占全国颗粒物排放量的 0.1%。2020 年全国及分源颗粒物排放情况见表 3-3。

表 3-3 2020 年全国及分源颗粒物排放情况

项目	合计	工业源	生活源	移动源	集中式污染治理设施
排放量/万吨	611.4	400.9	201.6	8.5	0.3
占比/%	—	65.6	33.0	1.4	0.1

3.3.2 各地区及分源排放情况

2020 年，颗粒物排放量排名前五的地区依次为内蒙古、新疆、山西、黑龙江和河北，排放量合计为 247.4 万吨，占全国颗粒物排放量的 40.5%。工业源颗粒物排放量最大的地区是内蒙古，生活源颗粒物排放量最大的地区是黑龙江，移动源颗粒物排放量最大的地区是湖北。2020 年各地区颗粒物排放情况见图 3-14。

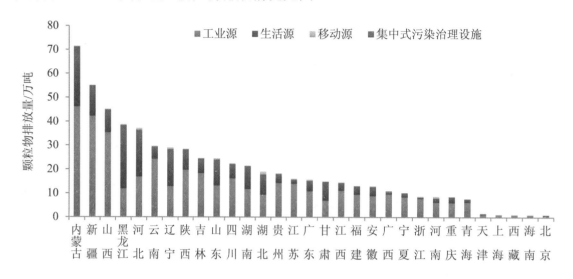

图 3-14　2020 年各地区颗粒物排放情况

3.3.3 各工业行业排放情况

3.3.3.1 行业总体情况

2020 年，在调查统计的 42 个工业行业中，颗粒物排放量排名前三的工业行业依次为非金属矿物制品业，煤炭开采和洗选业，电力、热力生产和供应业。3 个行业的颗粒物合计为 235.3 万吨，占全国工业源颗粒物排放量的 58.7%。2020 年各工业行业颗粒物排放情况见图 3-15。

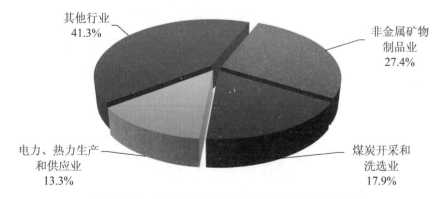

图 3-15　2020 年各工业行业颗粒物排放情况

3.3.3.2 电力、热力生产和供应业

2020 年,电力、热力生产和供应业颗粒物排放量为 53.4 万吨,占全国工业源颗粒物排放量的 13.3%。电力、热力生产和供应业颗粒物排放量排名前四的地区依次为吉林、山西、内蒙古和贵州。4 个地区的电力、热力生产和供应业颗粒物排放量占全国电力、热力生产和供应业颗粒物排放量的 60.2%。2020 年各地区电力、热力生产和供应业颗粒物排放情况见图 3-16。

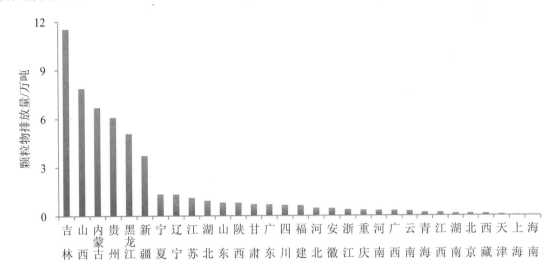

图 3-16 2020 年各地区电力、热力生产和供应业颗粒物排放情况

2020 年,火力发电企业颗粒物排放量为 16.7 万吨,占全国工业源颗粒物排放量的 4.2%。火力发电企业颗粒物排放量排名前四的地区依次为贵州、内蒙古、新疆和宁夏。4 个地区的火力发电企业颗粒物排放量占全国火力发电企业颗粒物排放量的 57.8%。2020 年各地区火力发电企业颗粒物排放情况见图 3-17。

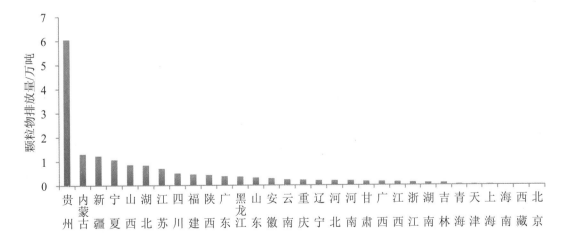

图 3-17 2020 年各地区火力发电企业颗粒物排放情况

3.3.3.3 非金属矿物制品业

2020 年，非金属矿物制品业颗粒物排放量为 110.0 万吨，占全国工业源颗粒物排放量的 27.4%。非金属矿物制品业颗粒物排放量排名前四的地区依次为云南、广东、湖南和山西。4 个地区的非金属矿物制品业颗粒物排放量占全国非金属矿物制品业颗粒物排放量的 25.9%。2020 年各地区非金属矿物制品业颗粒物排放情况见图 3-18。

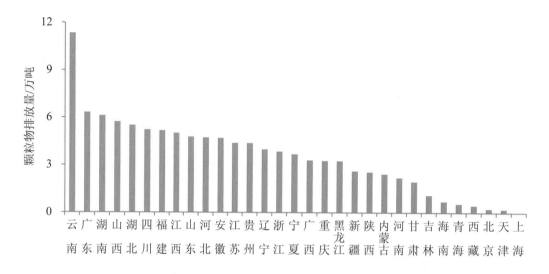

图 3-18 2020 年各地区非金属矿物制品业颗粒物排放情况

2020 年，水泥企业颗粒物排放量为 83.8 万吨，占全国工业源颗粒物排放量的 20.9%。水泥企业颗粒物排放量排名前四的地区依次为云南、山西、湖南和广东。4 个地区的水泥企业颗粒物排放量占全国水泥企业颗粒物排放量的 29.6%。2020 年各地区水泥企业颗粒物排放情况见图 3-19。

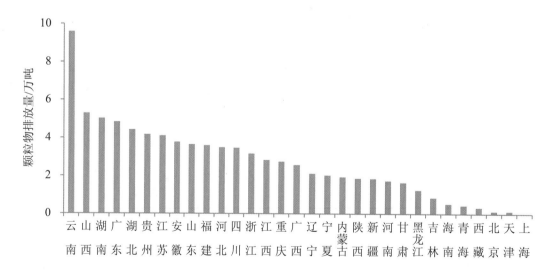

图 3-19 2020 年各地区水泥企业颗粒物排放情况

3.3.3.4 黑色金属冶炼和压延加工业

2020 年，黑色金属冶炼和压延加工业颗粒物排放量为 48.6 万吨，占全国工业源颗粒物排放量的 12.1%。黑色金属冶炼和压延加工业颗粒物排放量排名前四的地区依次为江苏、河北、内蒙古和辽宁。4 个地区的黑色金属冶炼和压延加工业颗粒物排放量占全国黑色金属冶炼和压延加工业颗粒物排放量的 41.4%。2020 年各地区黑色金属冶炼和压延加工业颗粒物排放情况见图 3-20。

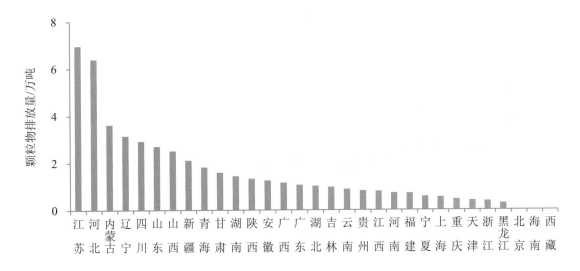

图 3-20　2020 年各地区黑色金属冶炼和压延加工业颗粒物排放情况

3.4　挥发性有机物排放情况

3.4.1　全国及分源排放情况

2020 年，全国挥发性有机物排放量为 610.2 万吨。其中，工业源挥发性有机物排放量为 217.1 万吨，占全国挥发性有机物排放量的 35.6%；生活源挥发性有机物排放量为 182.5 万吨，占全国挥发性有机物排放量的 29.9%；移动源挥发性有机物排放量为 210.5 万吨，占全国挥发性有机物排放量的 34.5%。2020 年全国及分源挥发性有机物排放情况见表 3-4。

表 3-4　2020 年全国及分源挥发性有机物排放情况

项目	合计	工业源	生活源	移动源
排放量/万吨	610.2	217.1	182.5	210.5
占比/%	—	35.6	29.9	34.5

3.4.2 各地区及分源排放情况

2020 年，挥发性有机物排放量排名前五的地区依次为山东、广东、江苏、浙江和河北，排放量合计为 216.8 万吨，占全国挥发性有机物排放量的 35.5%。工业源和移动源挥发性有机物排放量最大的地区都是山东，生活源挥发性有机物排放量最大的地区是广东。2020 年各地区挥发性有机物排放情况见图 3-21。

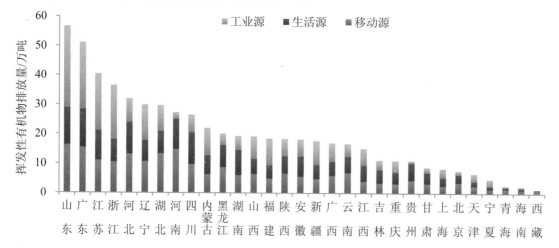

图 3-21　2020 年各地区挥发性有机物排放情况

3.4.3 各工业行业排放情况

3.4.3.1 行业总体情况

2020 年，在调查统计的 42 个工业行业中，挥发性有机物排放量排名前三的工业行业依次为化学原料和化学制品制造业，石油、煤炭及其他燃料加工业，橡胶和塑料制品业。3 个行业的挥发性有机物合计为 109.1 万吨，占全国工业源挥发性有机物排放量的 50.2%。2020 年各工业行业挥发性有机物排放情况见图 3-22。

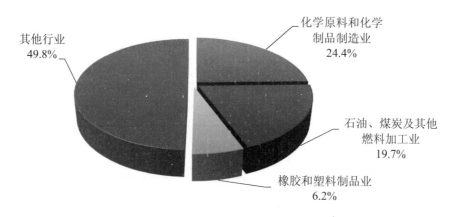

图 3-22　2020 年各工业行业挥发性有机物排放情况

3.4.3.2 化学原料和化学制品制造业

2020 年，化学原料和化学制品制造业挥发性有机物排放量为 53.0 万吨，占全国工业源挥发性有机物排放量的 24.4%。化学原料和化学制品制造业挥发性有机物排放量排名前四的地区依次为江苏、山东、广东和内蒙古。4 个地区的化学原料和化学制品制造业挥发性有机物排放量占全国化学原料和化学制品制造业挥发性有机物排放量的 50.9%。2020 年各地区化学原料和化学制品制造业挥发性有机物排放情况见图 3-23。

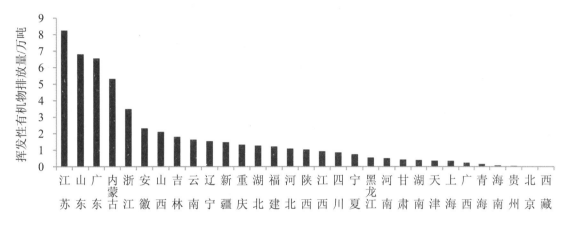

图 3-23　2020 年各地区化学原料和化学制品制造业挥发性有机物排放情况

3.4.3.3 石油、煤炭及其他燃料加工业

2020 年，石油、煤炭及其他燃料加工业挥发性有机物排放量为 42.7 万吨，占全国工业源挥发性有机物排放量的 19.7%。石油、煤炭及其他燃料加工业挥发性有机物排放量排名前四的地区依次为辽宁、山东、山西和陕西。4 个地区的石油、煤炭及其他燃料加工业挥发性有机物排放量占全国石油、煤炭及其他燃料加工业挥发性有机物排放量的 44.8%。2020 年各地区石油、煤炭及其他燃料加工业挥发性有机物排放情况见图 3-24。

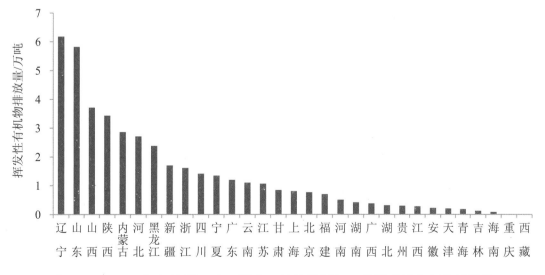

图 3-24　2020 年各地区石油、煤炭及其他燃料加工业挥发性有机物排放情况

2020 年，原油加工及石油制品制造企业挥发性有机物排放量为 22.8 万吨，占全国工业源挥发性有机物排放量的 10.5%。原油加工及石油制品制造企业挥发性有机物排放量排名前四的地区依次为辽宁、山东、黑龙江和浙江。4 个地区的原油加工及石油制品制造企业挥发性有机物排放量占全国原油加工及石油制品制造企业挥发性有机物排放量的 57.3%。2020 年各地区原油加工及石油制品制造企业挥发性有机物排放情况见图 3-25。

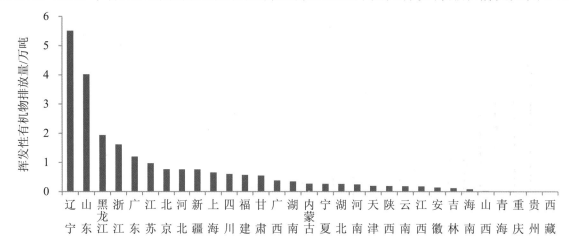

图 3-25　2020 年各地区原油加工及石油制品制造企业挥发性有机物排放情况

4

工业固体废物、危险废物和
化学品环境国际公约管控
物质生产或库存总体情况

4.1 一般工业固体废物产生、综合利用和处置情况

4.1.1 全国及各地区产生、综合利用和处置情况

2020 年,全国一般工业固体废物产生量为 36.8 亿吨。综合利用量为 20.4 亿吨,处置量为 9.2 亿吨。

一般工业固体废物产生量排名前五的地区依次为山西、内蒙古、河北、辽宁和山东,分别占全国一般工业固体废物产生量的 11.6%、9.6%、9.3%、6.9%和 6.8%。

2020 年各地区一般工业固体废物产生情况见图 4-1。

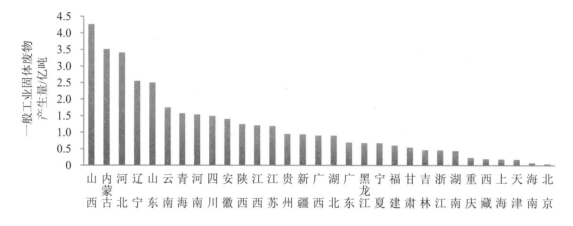

图 4-1 2020 年各地区一般工业固体废物产生情况

2020 年,一般工业固体废物综合利用量排名前五的地区依次为山东、河北、山西、内蒙古和安徽,分别占全国一般工业固体废物综合利用量的 9.6%、9.3%、8.4%、6.1%和 5.9%。2020 年各地区一般工业固体废物综合利用情况见图 4-2。

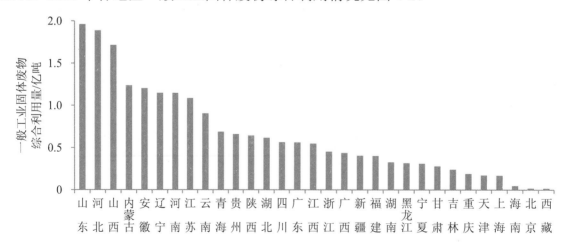

图 4-2 2020 年各地区一般工业固体废物综合利用情况

一般工业固体废物处置量排名前五的地区依次为山西、内蒙古、河北、辽宁和陕西，分别占全国一般工业固体废物处置量的 21.3%、14.9%、12.4%、8.7%和 5.3%。2020 年各地区一般工业固体废物处置情况见图 4-3。

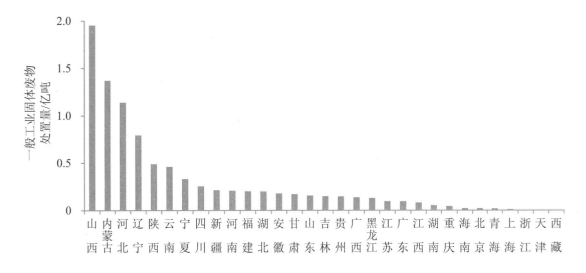

图 4-3　2020 年各地区一般工业固体废物处置情况

4.1.2　各工业行业产生、综合利用和处置情况

2020 年，一般工业固体废物产生量超过 1 亿吨的行业有 7 个，居前五的行业依次为电力、热力生产和供应业，黑色金属冶炼和压延加工业，黑色金属矿采选业，煤炭开采和洗选业，有色金属矿采选业，分别占全国一般工业固体废物产生量的 20.7%、15.3%、14.6%、13.2%和 12.6%。2020 年一般工业固体废物产生量行业分布情况见图 4-4。

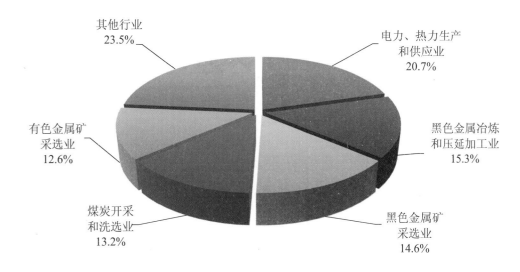

图 4-4　2020 年一般工业固体废物产生量行业分布情况

33

一般工业固体废物综合利用量超过 1 亿吨的行业有 6 个，居前五的依次为电力、热力生产和供应业，黑色金属冶炼和压延加工业，煤炭开采和洗选业，化学原料和化学制品制造业，黑色金属矿采选业，分别占全国一般工业固体废物综合利用量的 27.1%、23.0%、14.1%、9.7% 和 7.2%。

一般工业固体废物处置量排名前五的行业依次为黑色金属矿采选业，煤炭开采和洗选业，电力、热力生产和供应业，有色金属矿采选业，化学原料和化学制品制造业，分别占全国工业企业一般工业固体废物处置量的 21.3%、19.8%、16.9%、13.0% 和 7.9%。

2020 年主要行业一般工业固体废物综合利用和处置情况见图 4-5。

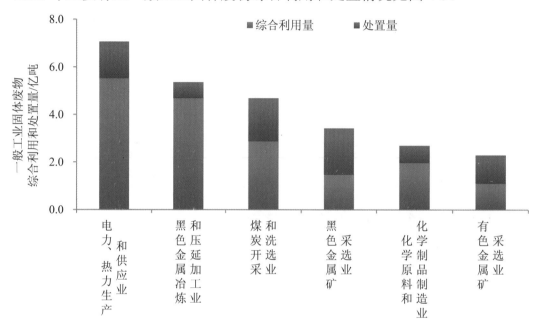

图 4-5　2020 年主要行业一般工业固体废物综合利用和处置情况

4.2　危险废物产生和利用处置情况

4.2.1　全国及各地区产生和利用处置情况

2020 年，全国工业危险废物产生量为 7 281.8 万吨，全国工业危险废物利用处置量为 7 630.5 万吨。

工业危险废物产生量排名前五的地区依次是山东、内蒙古、江苏、四川和浙江，分别占全国工业危险废物产生量的 12.8%、7.4%、7.2%、6.3% 和 6.1%。2020 年各地区工业危险废物产生情况见图 4-6。

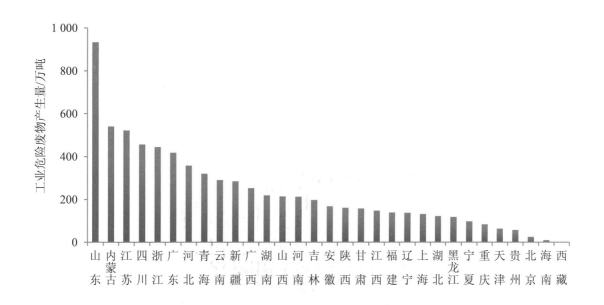

图 4-6 2020 年各地区工业危险废物产生情况

工业危险废物利用处置量排名前五的地区依次为山东、云南、江苏、内蒙古和浙江，分别占全国工业危险废物利用处置量的 13.2%、11.6%、6.9%、6.3%和 6.1%。2020 年各地区工业危险废物利用处置情况见图 4-7。

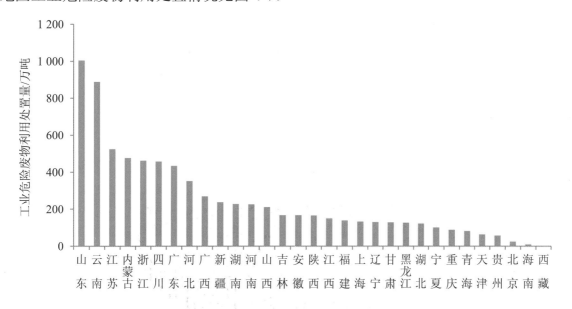

图 4-7 2020 年各地区工业危险废物利用处置情况

4.2.2 各工业行业产生和利用处置情况

工业危险废物产生量排名前五的行业依次为化学原料和化学制品制造业，有色金属冶炼和压延加工业，石油、煤炭及其他燃料加工业，黑色金属冶炼和压延加工业，电力、热力生产和供应业。5 个行业的工业危险废物产生量占工业危险废物产生量的 69.6%。
2020 年工业危险废物产生量行业分布情况见图 4-8。

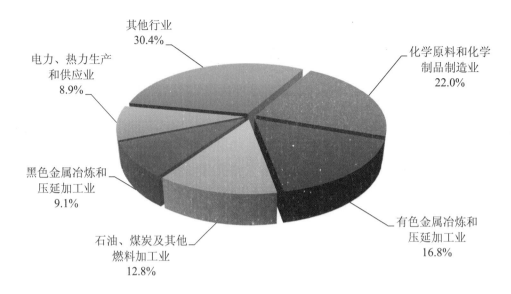

图 4-8　2020 年工业危险废物产生量行业分布情况

工业危险废物利用处置量排名前五的行业依次为有色金属冶炼和压延加工业，化学原料和化学制品制造业，石油、煤炭及其他燃料加工业，黑色金属冶炼和压延加工业，电力、热力生产和供应业。5 个行业的工业危险废物利用处置量占全国工业危险废物利用处置量的 75.5%。2020 年主要工业行业危险废物利用处置情况见图 4-9。

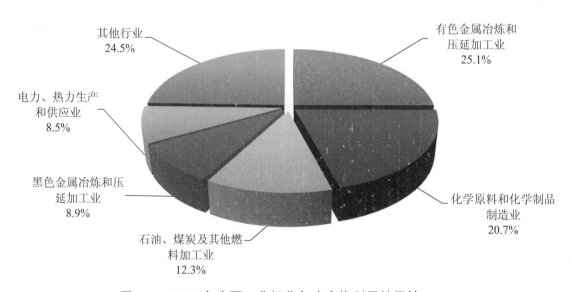

图 4-9　2020 年主要工业行业危险废物利用处置情况

4.3 化学品环境国际公约管控物质生产或库存总体情况

按照《化学品环境国际公约管控物质统计调查制度》（国统制〔2021〕60号），对全氟辛基磺酸及其盐类和全氟辛基磺酰氟、六溴环十二烷、十溴二苯醚、短链氯化石蜡、全氟辛酸及其相关化合物、汞等进行统计调查。

2020年，国内全氟辛基磺酸及其盐类和全氟辛基磺酰氟产量约22吨，年末库存量约0吨；六溴环十二烷产量约19 379吨，年末库存量约1 542吨；十溴二苯醚产量约6 772吨，年末库存量约336吨；根据氯化石蜡的生产情况，估算其产品中短链氯化石蜡产量约220 555吨，估算短链氯化石蜡年末库存量约2 327吨；全氟辛酸和相关化合物产量约1 470吨，年末库存量约149吨；汞的产量约1 134吨，其中再生汞产量约884吨。

5

污染治理设施

5.1 工业企业污染治理情况

5.1.1 工业废水治理情况

2020 年，全国纳入调查的涉水工业企业[②]共有 73 152 家，废水治理设施共有 68 150 套，设计处理能力为 1.6 亿吨/日，全年共处理工业废水 257.1 亿吨。工业废水治理设施数量排名前三的地区依次为浙江、广东和江苏，工业废水处理量排名前三的地区依次为江苏、福建和安徽。2020 年各地区工业废水治理设施数量见图 5-1。2020 年各地区工业废水处理量见图 5-2。

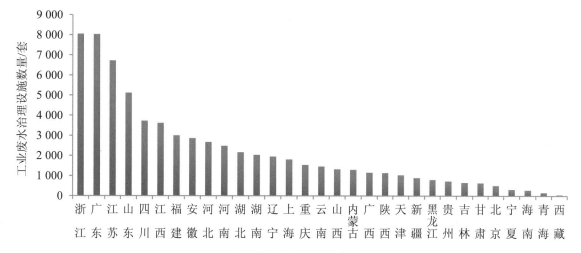

图 5-1 2020 年各地区工业废水治理设施数量

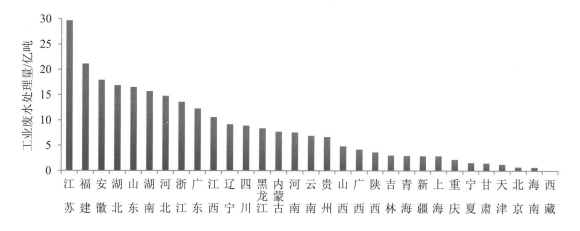

图 5-2 2020 年各地区工业废水处理量

[②] 涉水工业企业指有任意一项废水污染物产生或者排放的工业企业，下同。

在调查统计的 42 个行业中，废水治理设施数量排名前三的行业依次为农副食品加工业、化学原料和化学制品制造业以及金属制品业。工业废水处理量排名前三的行业依次为黑色金属冶炼和压延加工业、造纸和纸制品业以及化学原料和化学制品制造业。2020 年工业行业废水治理设施数量占比见图 5-3。2020 年工业行业废水处理量占比见图 5-4。

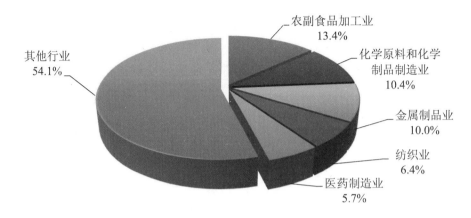

图 5-3　2020 年工业行业废水治理设施数量占比

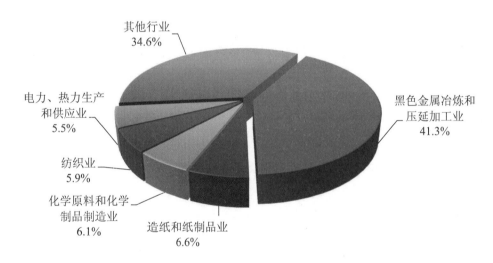

图 5-4　2020 年工业行业废水处理量占比

5.1.2　工业废气治理情况

2020 年，全国纳入调查的涉气工业企业③共有 153 818 家，废气治理设施共有 372 962 套，其中脱硫设施 37 026 套，脱硝设施 22 663 套，除尘设施 174 806 套，VOCs 治理设施 96 585 套。工业废气治理设施数量排名前三的地区依次为山东、广东和河北。2020 年各地区工业废气治理设施数量见图 5-5。

---

③ 涉气工业企业指有任意一项废气污染物产生或者排放的工业企业，下同。

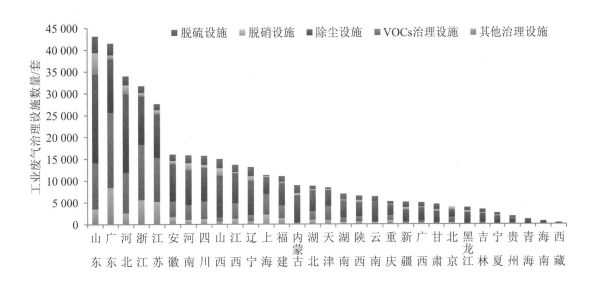

图 5-5　2020 年各地区工业废气治理设施数量

在调查统计的 42 个行业中，废气治理设施数量排名前三的行业依次为非金属矿物制品业，金属制品业以及化学原料和化学制品制造业。2020 年工业行业废气治理设施数量占比见图 5-6。

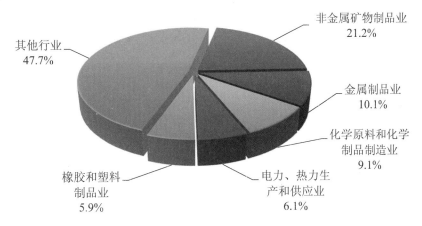

图 5-6　2020 年工业行业废气治理设施数量占比

5.2 集中式污染治理设施污染治理情况

5.2.1 污水处理厂情况

2020 年，全国纳入调查的污水处理厂共有 11 055 家，污水处理厂设计处理能力为

27 269.8 万吨/日，年运行费用为 1 001.0 亿元。污水处理厂数量排名前五的地区依次为四川、广东、江苏、重庆和山东。5 个地区的污水处理厂共 4 676 家，占全国污水处理厂总数的 42.3%。2020 年各地区污水处理厂数量见图 5-7。

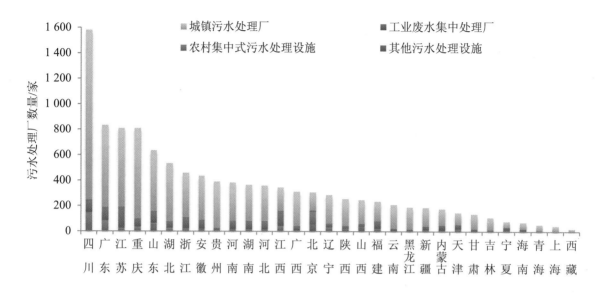

图 5-7 2020 年各地区污水处理厂数量

2020 年共处理污水 811.3 亿吨，其中，处理生活污水 713.9 亿吨，占污水总处理量的 88.0%。污水处理量排名前五的地区依次为广东、江苏、山东、浙江和河南。5 个地区的污水处理量为 321.2 亿吨，占全国污水处理量的 39.6%。共去除化学需氧量 1 779.7 万吨、氨氮 185.3 万吨、总氮 205.2 万吨、总磷 27.3 万吨。污水处理厂的污泥产生量为 3 698.4 万吨，污泥处置量为 3 697.6 万吨。2020 年各地区污水处理量见图 5-8。

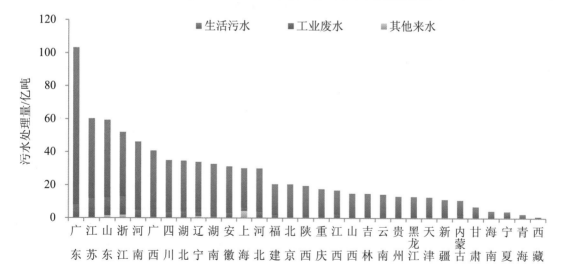

图 5-8 2020 年各地区污水处理量

5.2.2　生活垃圾处理场（厂）情况

2020 年，全国纳入调查的生活垃圾处理场（厂）共 2 277 家（含餐厨垃圾集中处理厂 43 家），年运行费用为 237.1 亿元。

生活垃圾处理量为 2.7 亿吨，其中填埋量 2.2 亿吨，堆肥量 89.0 万吨，焚烧处理量 4 507.3 万吨，厌氧发酵处理量 356.9 万吨，生物分解处理量 94.9 万吨，其他方式处理量 509.7 万吨。废水（含渗滤液）中化学需氧量排放量为 2.8 万吨，氨氮排放量为 2 413.1 吨；焚烧废气二氧化硫排放量为 1 582.4 吨，氮氧化物排放量为 1.4 万吨，颗粒物排放量为 472.8 吨。2020 年各地区生活垃圾处理量见图 5-9。

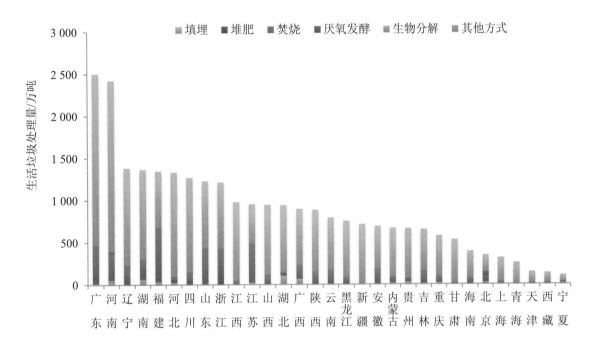

图 5-9　2020 年各地区生活垃圾处理量

5.2.3　危险废物（医疗废物）集中处理厂情况

2020 年，全国纳入调查的危险废物集中处理厂 1 380 家，医疗废物集中处理厂 371 家，协同处置的企业 144 家，年运行费用为 352.1 亿元。2020 年各地区危险废物（医疗废物）集中处理厂数量见图 5-10。

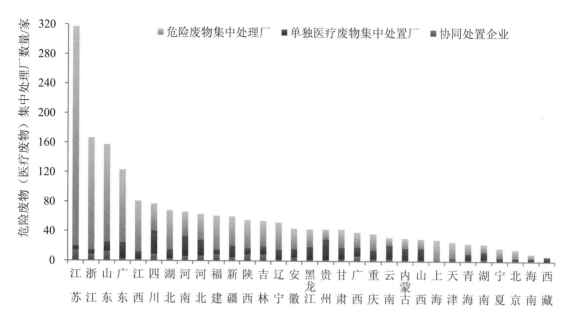

图 5-10　2020 年各地区危险废物（医疗废物）集中处理厂数量

危险废物利用处置量为 3 093.0 万吨，其中综合利用量为 1 853.0 万吨，处置量为 1 240.0 万吨，处置量中工业危险废物 995.0 万吨、医疗废物 106.1 万吨、其他危险废物 138.9 万吨，处置量中填埋量 256.3 万吨、焚烧量 589.5 万吨。废水（含渗滤液）中化学需氧量排放量为 604.7 吨，氨氮排放量为 36.5 吨；焚烧废气二氧化硫排放量为 1 046.9 吨，氮氧化物排放量为 4 902.3 吨，颗粒物排放量为 2 637.3 吨。2020 年各地区危险废物（医疗废物）利用处置量见图 5-11。

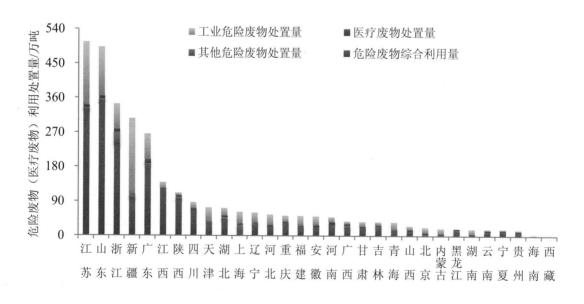

图 5-11　2020 年各地区危险废物（医疗废物）利用处置量

6

生态环境污染治理投资

6.1 总体情况

6.1.1 环境污染治理投资

环境污染治理投资包括城市环境基础设施建设投资、老工业污染源治理投资、建设项目竣工验收环保投资三个部分。2020 年，全国环境污染治理投资总额为 10 638.9 亿元，占国内生产总值（GDP）的 1.0%，占全社会固定资产投资总额的 2.0%。其中，城市环境基础设施建设投资为 6 842.2 亿元，老工业污染源治理投资为 454.3 亿元，建设项目竣工验收环保投资为 3 342.5 亿元，分别占环境污染治理投资总额的 64.3%、4.3% 和 31.4%。2020 年全国环境污染治理投资情况见表 6-1。

表 6-1　2020 年全国环境污染治理投资情况　　　　　　　　　　单位：亿元

城市环境基础设施 建设投资	老工业污染源 治理投资	建设项目竣工验收 环保投资	投资总额
6 842.2	454.3	3 342.5	10 638.9

注：从 2012 年起，城市环境基础设施建设投资中包括城市的环境基础设施建设投资以及县城的相关投资，下同。

6.1.2 污染治理设施直接投资

污染治理设施直接投资是指直接用于污染治理设施、具有直接环保效益的投资，具体包括老工业污染源治理投资、建设项目竣工验收环保投资以及城市环境基础设施建设投资中用于污水处理及再生利用、污泥处置和垃圾处理设施的投资。

2020 年，全国污染治理设施直接投资总额为 7 377.8 亿元，占环境污染治理投资总额的 69.3%，其中，城市环境基础设施建设投资、老工业污染源治理投资和建设项目竣工验收环保投资分别占污染治理设施直接投资的 48.5%、6.2% 和 45.3%。2020 年全国污染治理设施直接投资情况见表 6-2。

表 6-2　2020 年全国污染治理设施直接投资情况

污染治理设施 直接投资/ 亿元	城市环境基础设施 建设投资	老工业污染源 治理投资	建设项目竣工验收 环保投资	占当年环境污染 治理投资总额 比例/%	占当年 GDP 比例/%
7 377.8	3 581.0	454.3	3 342.5	69.3	0.7

6.1.3 各地区环境污染治理投资

2020年，全国环境污染治理投资总额为10 638.9亿元，除西藏、青海、海南、宁夏外，其余27个地区环境污染治理投资总额均超过100亿元，见图6-1。

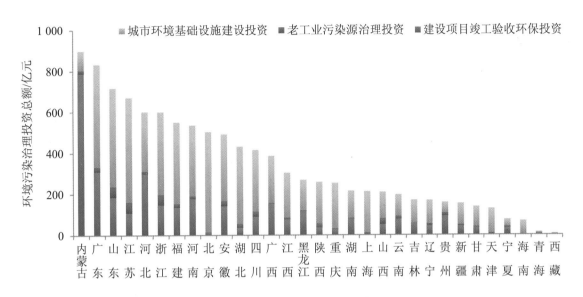

图6-1　2020年各地区环境污染治理投资情况

6.2 城市环境基础设施建设投资

2020年，城市环境基础设施建设投资总额为6 842.2亿元。其中，燃气工程建设投资为318.3亿元，集中供热工程建设投资为523.6亿元，排水工程建设投资为2 675.7亿元，园林绿化工程建设投资为2 194.5亿元，市容环境卫生工程建设投资为1 130.0亿元，分别占城市环境基础设施建设投资总额的4.7%、7.7%、39.1%、32.1%和16.5%。

2020年全国城市环境基础设施建设投资构成见表6-3。

表6-3　2020年全国城市环境基础设施建设投资构成　　　　　　　　　　单位：亿元

投资总额	燃气	集中供热	排水	园林绿化	市容环境卫生
6 842.2	318.3	523.6	2 675.7	2 194.5	1 130.0

6.3 老工业污染源治理投资

2020 年，老工业污染源污染治理本年施工项目为 5 190 个。其中，废水、废气、固体废物、噪声及其他治理项目分别为 678 个、3 164 个、65 个、51 个和 1 232 个，占 2020 年施工项目数的 13.1%、61.0%、1.3%、1.0%和 23.7%。

老工业污染源污染治理投资总额为 454.3 亿元。其中，废水、废气、固体废物、噪声及其他治理项目投资分别为 57.4 亿元、242.4 亿元、17.3 亿元、0.7 亿元和 136.5 亿元，分别占老工业污染源治理投资额的 12.6%、53.4%、3.8%、0.2%和 30.0%。

2020 年全国老工业污染源治理投资构成见表 6-4。

表 6-4　2020 年全国老工业污染源治理投资构成　　　　单位：亿元

投资总额	废水	废气	固体废物	噪声	其他
454.3	57.4	242.4	17.3	0.7	136.5

6.4 建设项目竣工验收环保投资

2020 年，建设项目竣工验收环保投资总额为 3 342.5 亿元，占建设项目投资总额的 1.0%。其中，废水、废气、固体废物、噪声和其他环保投资分别为 617.9 亿元、1 003.5 亿元、916.8 亿元、88.3 亿元和 715.9 亿元，分别占建设项目竣工验收环保投资总额的 18.5%、30.0%、27.4%、2.6%和 21.4%。

2020 年全国建设项目竣工验收环保投资构成见表 6-5。

表 6-5　2020 年全国建设项目竣工验收环保投资构成　　　　单位：亿元

投资总额	废水	废气	固体废物	噪声	其他
3 342.5	617.9	1 003.5	916.8	88.3	715.9

7

生态环境管理

7.1 环境信访情况

2020 年，全国生态环境系统积极推进信访投诉工作机制改革，实现了从被动应对向主动作为、从程序终结向群众满意、从"小环保"向"大环保"三个转变，做到了信息来源、工作平台、分析研判、部门管理"四个统一"，构建起责权清晰、协调统一的"大信访"工作格局，有力有效解决群众反映的重复信访问题，成效显著。

2020年，通过全国生态环境信访投诉举报管理平台归集全国各地电话举报231 297件，微信举报204 483件，网络举报33 327件，全国生态环境系统承办人大建议4 268件、政协提案5 132件。

7.2 环境法规与标准情况

2020 年，全国生态环境法制建设更加完善，法治保障更加有力，依法行政的制度约束更加严格。生态环境部门积极配合立法机关制定《中华人民共和国长江保护法》《中华人民共和国生物安全法》《中华人民共和国刑法》（修正案十一）、《排污许可管理条例》，完成《中华人民共和国固体废物污染环境防治法》修订工作，积极推进《中华人民共和国环境噪声污染防治法》《中华人民共和国环境影响评价法》《中华人民共和国黄河保护法》《碳排放权交易管理暂行条例》等法律法规制修订，围绕蓝天、碧水、净土三大保卫战扎实推进配套法规和标准制修订。

2020 年，现行有效的地方性环保法规共 462 件，其中当年颁布 87 件。现行有效的地方性环保规章共 152 件。发布地方环境质量标准和污染物排放标准 22 项。年受理行政复议案件 685 件。

7.3 环保产业情况

2020 年，党中央、国务院、生态环境等管理部门一系列决策部署及政策文件为环保产业发展提供强大助力。习近平总书记在第七十五届联合国大会一般性辩论上提出的2030 年前力争碳达峰、2060 年实现碳中和的目标，将推动实现经济社会发展全面绿色转型，社会产业结构、能源结构、科技创新和管理都将发生重大转变，这对环保产业提出了新的更高要求，也为环保产业发展提供了更加广阔的前景和发展机遇。2020 年，《关于构建现代环境治理体系的指导意见》的制定出台，为在市场开放、技术装备和管理运营等方面有效推动环保产业快速、高质量发展创造了条件。《中华人民共和国固体废物污染环境防治法》修订后正式实施，《中华人民共和国长江保护法》《排污许可管理条例》审议通过，《城镇生活污水处理设施补短板强弱项实施方案》《城镇生活垃圾分类和处理设施补短板强弱项实施方案》《关于推进建筑垃圾减量化的指导意见》《2020 年挥发性有机物治理攻坚方案》等相关生态环境保护法规政策相继颁布实施，使得环保产业市场需求进一步得到释放，产业能力水平得到有效提升。尽管受到新冠肺炎疫情的影响，2020 年第一、第二季度环保产业受到较大冲击，但随着疫情逐步得到有效控制，环保企业积极复工复产，产业整体运行渐次恢复。据测算，2020 年全国环保产业营业收入约 1.95 万亿元，较 2019 年增长约 7.3%，其中，环境服务业营业收入约 0.65 万亿元，实现了产业规模的进一步扩大和产业结构的不断优化。环境服务模式不断创新，环境污染第三方治理、环境综合治理托管服务、环保管家、生态环境导向的开发（EOD）等模式得到推广应用。

2020 年，地方各级政府按照党中央、国务院部署要求，积极推进清洁生产审核工作，重点行业清洁生产水平不断提高，污染物排放强度和能耗大幅降低，在助力打赢污染防治攻坚战、促进产业改造升级等方面取得了显著成效。2020 年，全国公布的应开展强制性清洁生产审核企业数为 7 674 家，其中 6 947 家已开展强制性清洁生产审核，占比 90.5%。

7.4 环境科技情况

2020 年，在大气重污染成因与治理攻关项目圆满收官的基础上，组织实施 PM$_{2.5}$ 和 O$_3$ 复合污染协同防控科技攻关，支撑打赢蓝天保卫战；深入推进长江生态环境保护修复联合研究，支撑打好长江保护修复攻坚战；组织水体污染控制与治理科技重大专项（以下简称水专项）80 余套技术装备、200 余家科研单位、2 000 余名科技工作者积极为新冠肺炎疫情防控献计献策，编制《医院污染处理技术方案》等系列技术文件 30 余项、科技专报 20 余篇，支撑疫区污染防控。进一步完善生态环境科技成果转化综合服务平台，平台中成果总数达到 4 500 余项，平台累计点击量达 30 万人次；创新生态环境科普工作方式，举办"我是生态环境讲解员"活动等 9 项科普活动，联合科技部完成第七批国家生态环境科普基地评议工作，批准新建 28 个"国家生态环境科普基地"。加强国家重点实验室、工程技术中心、科学观测研究站等基础研究保障能力建设，建成 2 个重点实验室，完成 11 个重点实验室评估。

7.5 海洋废弃物倾倒和污染物排放入海情况

2020 年，全国各地区、各部门深入贯彻落实习近平生态文明思想和习近平总书记关于建设海洋强国的重要论述、构建海洋命运共同体的重要理念，按照党中央、国务院的决策部署，坚持以改善海洋生态环境质量为核心，统筹推进海洋生态环境保护各项工作，取得了积极进展和良好成效，污染防治攻坚战取得了阶段性胜利。

中国作为《防止倾倒废弃物及其他物质污染海洋的公约》（即《伦敦公约》）及其《1996议定书》的缔约国，一直高度重视废弃物海洋倾倒的环境保护管理工作。2020年，全国管辖海域海区废弃物倾倒量26 157万米^3，倾倒物质主要为清洁疏浚物。全国海洋油气平台生产水、生活污水、钻井泥浆、钻屑排海量分别为21 723万米^3、92.5万米^3、9.7万米^3、14.1万米^3。其中，生产水和生活污水排海量较上年略有增加，钻井泥浆排海量与上年基本持平，钻屑排海量与上年有所下降。

7.6 环境影响评价与排污许可情况

2020 年，全国环评"放管服"改革持续深化。继续做好国家、地方、利用外资重大项目"三本台账"审批服务，实施清单化管理。发布《建设项目环境影响评价分类管理名录（2021 年版）》，进一步减少环评审批数量，大幅压缩登记表备案项目数量。2020 年，全国审批建设项目环境影响评价文件 21.6 万项，备案环境影响登记表 98.0 万项，同比分别下降 1.7% 和 15.9%。审批的建设项目投资总额 207 829.3 亿元，环保投资总额 7 663.3 亿元，同比分别上升 9.2% 和 6.2%。

排污许可制度改革实施 3 年多来，成效显著，法律法规不断完善，技术体系初具规模，环境管理制度逐步衔接融合，环境主体责任初步明晰，分行业核发排污许可证有序推进。2020 年，生态环境部全面推进覆盖所有固定污染源的排污许可证核发工作，全国共计核发排污许可证 33.77 万张，其中重点管理 9.2 万家、简化管理 24.57 万家，对 236.52 万家污染物排放量较小的固定污染源进行排污登记。

2020 年，生态环境部和各省（自治区、直辖市）加快推进"三线一单"发布实施，建立包保工作机制，开展定期工作调度，利用座谈、研讨、培训、现场指导等方式，深入开展帮扶指导，加强重点区域、流域省际对接。第一梯队 12 省（市）"三线一单"生态环境分区管控方案及有关意见经省级党委、政府审议后已全部发布，进入落地实施阶段。全面完成第二梯队 19 个省（自治区、直辖市）及新疆生产建设兵团"三线一单"技术审核，其中 16 个省（自治区、直辖市）完成发布工作。

7.7 环境监测情况

2020 年，生态环境监测系统始终坚持以习近平生态文明思想指导生态环境监测工作实践，坚持监测先行、监测灵敏、监测准确，全力支撑生态文明建设和生态环境保护工作，捍卫监测数据质量"生命线"，确保监测数据"真准全"。重点地区部署环境空气 VOCs 监测，组织加强 VOCs 加密监测、走航监测。推动建立大气光化学监测网。持续推进全国环境监测数据联网共享，制定生态环境监测大数据平台建设方案，与国家电网公司开展电力大数据战略合作。开展入河与入海排污口监测。在长江经济带建成 667 个跨界断面水质自动站。印发《"十四五"国家地表水监测及评价方案（试行）》。

2020 年，全国监测用房总面积为 394.7 万米^2，监测业务经费为 230.6 亿元。环境监测仪器 33.4 万台（套），仪器设备原值为 595.7 亿元。全国环境空气监测点位 12 520 个，酸雨监测点位数 1 130 个，沙尘天气影响环境质量监测点位数 57 个；地表水水质监测断面 12 305 个，集中式饮用水水源地监测点位数 6 166 个；开展声环境质量监测的监测点位数 228 528 个；开展污染源监督性监测的重点企业数 45 753 家。

7.8 生态环境执法情况

重点排污单位依法安装自动监测设备并与生态环境部门监控设备联网，是《中华人民共和国水污染防治法》《中华人民共和国大气污染防治法》等法律规定的一项重要环境管理制度，是加强生态环境监管、落实排污单位主体责任的重要手段。全面提高监测自动化、标准化、信息化水平，是当前和今后一个时期强化监测能力建设，健全环境治理监管体系的重要举措。污染物排放自动监测数据在排污单位强化自身管理和生态环境部门提高监管效能两方面均发挥着重要作用。2020 年，全国已实施自动监控的重点排污单位 31 209 家，涉及废水自动监控排放口 20 001 个、废气排放口 32 051 个，分别同比上升 31.0%、21.7% 和 36.2%。实施自动监控的重点排污单位中，化学需氧量、氨氮、二氧化硫、氮氧化物和烟尘监控设备与生态环境护部门稳定联网的企业事业单位分别有 19 434 家、18 176 家、22 274 家、22 515 家和 26 741 家。

2020 年，各地各级生态环境部门严格落实"放管服"改革要求和优化营商环境总体工作部署，持续推进"双随机、一公开"监管工作，取得了较好成效。截至 2020 年年底，各地各级生态环境部门有效应用排污许可、市场监管信息，动态更新、建立污染源监管动态信息库 1 993 个，涵盖污染源企业（单位）125.2 万家（个）；根据机构改革实际，动态调整、建立生态环境执法人员信息库 1 900 个，入库生态环境执法人员达 4.5 万人；全国举办环境执法岗位培训班 57 期，1.1 万人参加了培训。全国日常监管执法检查 66.14 万家次，其中对一般排污单位检查 32.19 万家次，对重点排污单位检查 10.24 万家次，对特殊监管对象检查 2.06 万家次，对其他执法事项监管检查 21.65 万家次，参加其他部门联合执法检查 1.65 万家次。全国下达环境行政处罚决定书 12.6 万份，罚没款数额总计 82.4 亿元。

7.9　环境应急情况

2020 年，全国共发生突发环境事件 208 起，同比下降 20.3%。其中，重大事件 2 起（黑龙江伊春鹿鸣矿业"3·28"尾矿库泄漏次生重大突发环境事件、贵州遵义桐梓中石化西南成品油管道"7·14"柴油泄漏次生重大突发环境事件）、较大事件 8 起、一般事件 198 起。

8

全国辐射环境水平

8.1 环境电离辐射

2020年，全国环境电离辐射水平处于本底涨落范围内。实时连续空气吸收剂量率和累积剂量处于当地天然本底涨落范围内。空气中天然放射性核素活度浓度处于本底水平，人工放射性核素活度浓度未见异常。长江、黄河、珠江、松花江、淮河、海河、辽河七大流域和浙闽片河流、西北诸河、西南诸河及重要湖泊（水库）中天然放射性核素活度浓度处于本底水平，人工放射性核素活度浓度未见异常。城市集中式饮用水水源地水及地下饮用水中总α和总β活度浓度低于《生活饮用水卫生标准》（GB 5749—2006）规定的指导值。近岸海域海水和海洋生物中天然放射性核素活度浓度处于本底水平，人工放射性核素活度浓度未见异常，其中海水中人工放射性核素活度浓度远低于《海水水质标准》（GB 3097—1997）规定的限值。土壤中天然放射性核素活度浓度处于本底水平，人工放射性核素活度浓度未见异常。

8.2 运行核电基地周围环境电离辐射

2020年，运行核电基地周围未监测到因核电厂运行引起的实时连续空气吸收剂量率异常。三门核电基地、海阳核电基地、阳江核电基地、台山核电基地、防城港核电基地和昌江核电基地周围空气、水、土壤、生物等环境介质中人工放射性核素活度浓度未见异常。红沿河核电基地、田湾核电基地、秦山核电基地、宁德核电基地、福清核电基地和大亚湾核电基地周围部分环境介质中氚活度浓度与本地相比略有升高，环境介质中其他人工放射性核素活度浓度未见异常。评估结果显示，上述核电厂运行对公众造成的辐射剂量均远低于国家规定的剂量限值，未对环境安全和公众健康造成影响。

8.3 民用研究堆周围环境电离辐射

2020年，清华大学核能与新能源技术研究院和深圳大学微堆等设施周围环境γ辐射空气吸收剂量率，空气、水、土壤、生物等环境介质中人工放射性核素活度浓度未见异常；中国原子能科学研究院科研生产场区周围部分环境介质中锶-90和碘-131等核素活度浓度、中国核动力研究设计院科研生产场区周围部分环境介质中钴-60和碘-131等核素活度浓度与本底相比略有升高。评估结果显示，上述民用研究堆和科研生产场区设施对公众造成的辐射剂量均远低于国家规定的限值，未对环境安全和公众健康造成影响。

8.4 核燃料循环设施和废物处置设施周围环境电离辐射

2020年，中核兰州铀浓缩有限公司、中核陕西铀浓缩有限公司、中核北方核燃料元件有限公司、中核建中核燃料元件有限公司、中核二七二铀业有限责任公司和中核四〇四有限公司等核燃料循环设施，以及西北低中放固体废物处置场、北龙低中放固体废物处置场周围环境γ辐射空气吸收剂量率处于当地天然本底涨落范围内，环境介质中与上述企业活动相关的放射性核素活度浓度未见异常。

8.5 铀矿冶设施周围环境电离辐射

2020年，铀矿冶设施周围环境γ辐射空气吸收剂量率、空气、地表水、地下水和土壤中与设施活动相关的放射性核素浓度处于历年涨落范围内。

8.6 电磁辐射

2020年，31个省（自治区、直辖市）环境电磁辐射国控监测点的电磁辐射水平，监测的广播电视发射设施、输变电设施、移动通信基站周围电磁环境敏感目标处的电磁辐射水平低于《电磁环境控制限值》（GB 8702—2014）规定的公众曝露控制限值。

9

各地区污染排放及治理统计

各地区主要污染物排放情况（一）
Discharge of Key Pollutants by Region（1）
（2020）

单位：吨 （ton）

年份/地区 Year/Region		化学需氧量排放总量 Total Volume of COD Discharged	工业源 Industrial	农业源 Agricultural	生活源 Household	集中式污染治理设施 Centralized Treatment
	2016	6 580 994	1 228 259	571 052	4 735 477	46 201
	2017	6 088 840	909 631	317 661	4 838 155	23 393
	2018	5 842 242	813 894	245 404	4 768 014	14 930
	2019	5 671 433	771 611	186 126	4 699 493	14 203
	2020	25 647 561	497 323	15 932 272	9 188 875	29 091
北 京	BEIJING	53 585	1 413	11 394	40 464	314
天 津	TIANJIN	156 342	2 821	119 889	33 600	32
河 北	HEBEI	1 274 153	26 174	887 857	359 981	141
山 西	SHANXI	619 816	4 803	426 954	187 992	67
内蒙古	INNER MONGOLIA	708 758	8 761	596 824	103 089	85
辽 宁	LIAONING	1 247 543	13 189	1 068 567	165 660	127
吉 林	JILIN	562 509	9 396	411 611	141 400	102
黑龙江	HEILONGJIANG	1 491 660	21 262	1 288 929	179 866	1 602
上 海	SHANGHAI	72 871	8 603	7 901	56 113	253
江 苏	JIANGSU	1 207 812	59 346	695 806	452 369	291
浙 江	ZHEJIANG	532 215	44 399	80 141	407 413	261
安 徽	ANHUI	1 186 012	16 351	675 496	493 554	611
福 建	FUJIAN	623 004	19 582	170 057	433 279	85
江 西	JIANGXI	1 014 801	20 748	626 227	367 168	658
山 东	SHANDONG	1 534 845	46 419	965 840	522 414	172
河 南	HENAN	1 445 682	16 009	850 773	578 637	263
湖 北	HUBEI	1 530 276	22 329	1 066 904	440 877	165
湖 南	HUNAN	1 476 385	14 565	959 718	501 208	894
广 东	GUANGDONG	1 613 096	40 882	654 147	904 055	14 011
广 西	GUANGXI	1 030 352	15 679	431 363	576 537	6 774
海 南	HAINAN	172 783	4 420	84 865	83 462	36
重 庆	CHONGQING	320 570	9 318	178 797	132 399	56
四 川	SICHUAN	1 304 632	25 706	490 747	787 939	240
贵 州	GUIZHOU	1 167 843	4 704	918 628	244 176	335
云 南	YUNNAN	685 962	10 578	403 469	271 338	577
西 藏	TIBET	530 510	180	496 470	33 684	176
陕 西	SHAANXI	488 770	9 461	204 190	274 908	212
甘 肃	GANSU	595 372	4 480	490 602	99 960	329
青 海	QINGHAI	85 742	1 622	21 636	62 338	145
宁 夏	NINGXIA	220 305	3 140	176 935	40 198	33
新 疆	XINJIANG	693 355	10 982	469 535	212 796	42

注：2016—2019年畜禽养殖业调查范围为大型畜禽养殖场，2020年生活源废水污染物统计范围增加农村，下同。

各地区主要污染物排放情况（二）
Discharge of Key Pollutants by Region（2）
（2020）

单位：吨 (ton)

年份/ 地区	Year/ Region	氨氮 排放总量 Total Volume of Ammonia Nitrogen Discharged	工业源 Industrial	农业源 Agricultural	生活源 Household	集中式污染 治理设施 Centralized Treatment
	2016	567 704	64 502	12 537	484 089	6 578
	2017	508 657	44 500	6 576	454 119	3 463
	2018	494 357	39 863	4 810	447 187	2 497
	2019	462 528	34 911	3 683	421 390	2 544
	2020	984 018	21 216	253 780	706 572	2 450
北 京	BEIJING	2 839	34	162	2 606	36
天 津	TIANJIN	2 565	96	1 163	1 302	4
河 北	HEBEI	32 243	838	14 386	16 997	23
山 西	SHANXI	16 425	187	4 845	11 386	6
内蒙古	INNER MONGOLIA	13 901	454	8 047	5 387	13
辽 宁	LIAONING	18 532	532	9 095	8 880	26
吉 林	JILIN	9 612	367	4 082	5 149	15
黑龙江	HEILONGJIANG	24 165	1 022	13 077	9 913	152
上 海	SHANGHAI	2 983	206	273	2 496	9
江 苏	JIANGSU	51 925	2 521	14 878	34 506	20
浙 江	ZHEJIANG	38 398	924	5 709	31 753	12
安 徽	ANHUI	44 315	949	14 110	29 130	126
福 建	FUJIAN	45 543	764	11 036	33 730	13
江 西	JIANGXI	45 913	1 644	13 722	30 392	154
山 东	SHANDONG	53 121	1 883	13 840	37 384	14
河 南	HENAN	46 344	790	11 012	34 494	48
湖 北	HUBEI	58 244	1 140	22 004	35 074	25
湖 南	HUNAN	71 429	643	22 204	48 394	188
广 东	GUANGDONG	96 399	1 500	14 380	79 737	783
广 西	GUANGXI	72 528	537	13 955	57 653	383
海 南	HAINAN	8 134	111	1 636	6 381	6
重 庆	CHONGQING	20 101	358	3 334	16 402	7
四 川	SICHUAN	80 166	1 274	7 838	71 006	49
贵 州	GUIZHOU	28 888	651	6 623	21 538	76
云 南	YUNNAN	27 884	409	6 836	20 521	118
西 藏	TIBET	5 063	12	2 145	2 875	31
陕 西	SHAANXI	25 258	328	2 641	22 249	39
甘 肃	GANSU	6 540	211	2 931	3 351	47
青 海	QINGHAI	5 389	114	389	4 869	17
宁 夏	NINGXIA	3 387	119	921	2 342	5
新 疆	XINJIANG	25 786	599	6 508	18 676	4

各地区主要污染物排放情况（三）
Discharge of Key Pollutants by Region（3）
（2020）

单位：吨 (ton)

年份/地区 Year/Region		二氧化硫 排放总量 Total Volume of Sulphur Dioxide Discharged	工业源 Industrial	生活源 Household	集中式污染 治理设施 Centralized Treatment
	2016	8 548 930	7 704 689	840 128	4 118
	2017	6 108 376	5 298 770	805 186	4 421
	2018	5 161 169	4 467 324	687 238	6 606
	2019	4 572 858	3 953 670	612 998	6 191
	2020	3 182 201	2 531 511	648 061	2 629
北 京	BEIJING	1 764	988	761	15
天 津	TIANJIN	10 196	9 756	417	23
河 北	HEBEI	161 749	122 789	38 783	178
山 西	SHANXI	160 549	122 494	38 028	28
内蒙古	INNER MONGOLIA	273 946	223 916	50 008	22
辽 宁	LIAONING	206 384	144 429	61 778	177
吉 林	JILIN	68 397	53 072	15 216	109
黑龙江	HEILONGJIANG	143 198	90 311	52 876	12
上 海	SHANGHAI	5 441	5 200	232	9
江 苏	JIANGSU	112 632	108 322	4 060	250
浙 江	ZHEJIANG	51 476	49 495	1 934	46
安 徽	ANHUI	108 565	104 672	3 820	73
福 建	FUJIAN	78 817	61 330	17 379	108
江 西	JIANGXI	102 536	86 395	16 117	24
山 东	SHANDONG	193 272	152 865	40 315	93
河 南	HENAN	66 754	56 958	9 636	160
湖 北	HUBEI	97 221	55 105	42 077	39
湖 南	HUNAN	102 393	64 288	37 969	137
广 东	GUANGDONG	116 855	101 296	15 080	479
广 西	GUANGXI	87 843	82 609	4 954	281
海 南	HAINAN	5 890	5 854	...	36
重 庆	CHONGQING	67 543	46 992	20 527	24
四 川	SICHUAN	163 146	125 027	38 073	46
贵 州	GUIZHOU	177 401	143 584	33 681	137
云 南	YUNNAN	176 603	146 194	30 379	30
西 藏	TIBET	5 668	5 162	505	...
陕 西	SHAANXI	93 686	63 981	29 630	74
甘 肃	GANSU	85 763	66 045	19 717	1
青 海	QINGHAI	40 104	38 683	1 422	...
宁 夏	NINGXIA	71 577	67 861	3 716	1
新 疆	XINJIANG	144 828	125 838	18 971	18

单位：吨 （ton）

年份/ 地区	Year/ Region	氮氧化物 排放总量 Total Volume of Nitrogen Oxide Discharged	工业源 Industrial	生活源 Household	移动源 Vehicle	集中式污染 治理设施 Centralized Treatment
	2016	15 033 045	8 091 004	615 725	6 315 965	10 356
	2017	13 483 990	6 464 927	591 756	6 412 177	15 131
	2018	12 884 376	5 887 366	531 415	6 445 982	19 613
	2019	12 338 518	5 480 735	497 424	6 336 318	24 040
	2020	10 196 558	4 174 959	333 806	5 669 200	18 592
北 京	BEIJING	86 652	9 751	8 613	68 157	131
天 津	TIANJIN	116 980	29 167	3 458	84 270	84
河 北	HEBEI	769 716	301 107	30 859	437 015	734
山 西	SHANXI	563 417	320 324	14 690	228 058	344
内蒙古	INNER MONGOLIA	475 645	295 982	30 328	149 064	271
辽 宁	LIAONING	579 594	228 642	20 845	329 156	950
吉 林	JILIN	201 052	95 483	8 083	96 969	517
黑龙江	HEILONGJIANG	297 631	106 103	30 219	161 074	236
上 海	SHANGHAI	159 828	23 396	4 211	131 869	351
江 苏	JIANGSU	484 985	190 524	8 625	283 957	1 880
浙 江	ZHEJIANG	387 284	116 349	2 516	268 153	266
安 徽	ANHUI	464 261	171 823	7 915	284 049	474
福 建	FUJIAN	258 222	142 732	5 128	109 776	587
江 西	JIANGXI	283 272	145 112	5 476	132 593	91
山 东	SHANDONG	624 689	287 363	18 236	318 756	334
河 南	HENAN	545 489	103 426	6 458	434 362	1 244
湖 北	HUBEI	497 998	103 275	12 709	381 862	153
湖 南	HUNAN	273 264	106 066	12 703	153 424	1 072
广 东	GUANGDONG	607 772	220 316	10 375	373 555	3 526
广 西	GUANGXI	293 400	157 881	1 854	130 726	2 938
海 南	HAINAN	40 669	17 986	410	22 063	210
重 庆	CHONGQING	167 037	71 189	7 328	88 484	36
四 川	SICHUAN	404 504	163 022	20 048	221 240	194
贵 州	GUIZHOU	274 918	134 167	4 656	134 759	1 336
云 南	YUNNAN	344 393	161 985	7 140	175 174	93
西 藏	TIBET	53 902	5 825	142	47 935	...
陕 西	SHAANXI	266 160	128 902	14 940	121 911	407
甘 肃	GANSU	196 416	82 457	10 676	103 262	21
青 海	QINGHAI	70 971	27 101	4 411	39 460	...
宁 夏	NINGXIA	120 550	77 974	2 839	39 729	8
新 疆	XINJIANG	285 885	149 528	17 915	118 341	101

各地区主要污染物排放情况（五）
Discharge of Key Pollutants by Region（5）
（2020）

单位：吨 （ton）

年份/ 地区	Year/ Region	颗粒物 排放总量 Total Volume of Particulate Matter Discharged	工业源 Industrial	生活源 Household	移动源 Vehicle	集中式污染 治理设施 Centralized Treatment
	2016	16 080 107	13 761 577	2 192 114	122 757	3 662
	2017	12 849 494	10 669 966	2 061 452	114 314	3 762
	2018	11 322 554	9 489 037	1 731 412	99 350	2 755
	2019	10 884 766	9 259 287	1 549 001	73 693	2 784
	2020	6 113 961	4 009 413	2 016 198	85 240	3 110
北 京	BEIJING	9 353	4 376	4 538	435	3
天 津	TIANJIN	15 560	10 053	4 428	1 069	10
河 北	HEBEI	370 746	168 176	194 765	7 670	135
山 西	SHANXI	451 264	352 985	95 453	2 822	4
内蒙古	INNER MONGOLIA	714 207	461 970	250 292	1 940	6
辽 宁	LIAONING	289 073	128 321	154 795	5 920	37
吉 林	JILIN	245 217	182 965	60 989	1 239	24
黑龙江	HEILONGJIANG	387 189	119 230	264 480	3 461	18
上 海	SHANGHAI	10 494	7 899	1 298	1 291	6
江 苏	JIANGSU	160 142	139 806	16 856	3 347	133
浙 江	ZHEJIANG	86 024	77 037	5 699	3 266	22
安 徽	ANHUI	129 928	88 321	38 523	3 063	21
福 建	FUJIAN	130 748	94 417	34 877	1 375	79
江 西	JIANGXI	145 215	110 865	32 410	1 927	13
山 东	SHANDONG	244 161	131 517	108 087	4 526	32
河 南	HENAN	85 765	60 791	17 932	7 006	36
湖 北	HUBEI	189 071	93 337	84 467	11 254	13
湖 南	HUNAN	214 551	117 285	95 127	2 134	5
广 东	GUANGDONG	156 546	108 214	43 595	4 566	169
广 西	GUANGXI	109 964	96 036	9 977	1 763	2 189
海 南	HAINAN	9 857	9 209	38	572	38
重 庆	CHONGQING	84 710	59 050	24 575	1 080	4
四 川	SICHUAN	223 995	161 161	59 812	3 000	23
贵 州	GUIZHOU	182 107	142 375	37 472	2 221	38
云 南	YUNNAN	295 714	243 009	50 775	1 912	18
西 藏	TIBET	10 185	8 753	783	649	...
陕 西	SHAANXI	284 260	196 601	85 166	2 483	9
甘 肃	GANSU	149 039	68 633	79 047	1 357	1
青 海	QINGHAI	76 317	61 577	14 464	276	...
宁 夏	NINGXIA	102 149	83 154	18 649	346	...
新 疆	XINJIANG	550 414	422 290	126 830	1 270	25

各地区工业废水排放及处理情况（一）
Discharge and Treatment of Industrial Waste Water by Region（1）
（2020）

年份/ 地区	Year/ Region	汇总工业企业数量/家 Number of Industrial Enterprises Investigated （unit）	工业废水中污染物排放量/t Amount of Pollutants Discharged in the Industrial Waste Water （ton）			
			化学需氧量 COD	氨氮 Ammonial Nitrogen	总氮 Total Nitrogen	总磷 Total Phosphorus
	2016	145 144	1 228 258	64 502	184 097	16 901
	2017	138 481	909 631	44 500	155 673	7 878
	2018	135 787	813 894	39 863	144 371	7 424
	2019	173 650	771 611	34 911	134 262	7 676
	2020	170 619	497 323	21 216	114 378	3 675
北 京	BEIJING	1 868	1 413	34	707	9
天 津	TIANJIN	3 366	2 821	96	865	24
河 北	HEBEI	12 263	26 174	838	4 372	117
山 西	SHANXI	5 089	4 803	187	1 137	42
内 蒙 古	INNER MONGOLIA	3 191	8 761	454	2 326	48
辽 宁	LIAONING	6 687	13 189	532	3 469	136
吉 林	JILIN	1 836	9 396	367	2 386	83
黑 龙 江	HEILONGJIANG	1 549	21 262	1 022	2 794	81
上 海	SHANGHAI	3 459	8 603	206	2 350	39
江 苏	JIANGSU	10 496	59 346	2 521	13 390	387
浙 江	ZHEJIANG	18 012	44 399	924	11 224	192
安 徽	ANHUI	7 474	16 351	949	3 855	158
福 建	FUJIAN	5 255	19 582	764	3 626	188
江 西	JIANGXI	9 220	20 748	1 644	4 664	179
山 东	SHANDONG	11 814	46 419	1 883	12 393	336
河 南	HENAN	7 311	16 009	790	5 363	130
湖 北	HUBEI	4 987	22 329	1 140	4 406	202
湖 南	HUNAN	5 126	14 565	643	2 553	114
广 东	GUANGDONG	18 949	40 882	1 500	10 965	377
广 西	GUANGXI	3 106	15 679	537	2 148	131
海 南	HAINAN	617	4 420	111	557	26
重 庆	CHONGQING	2 874	9 318	358	2 666	83
四 川	SICHUAN	9 707	25 706	1 274	7 161	223
贵 州	GUIZHOU	1 478	4 704	651	1 216	50
云 南	YUNNAN	4 281	10 578	409	1 630	126
西 藏	TIBET	406	180	12	30	3
陕 西	SHAANXI	3 105	9 461	328	1 688	48
甘 肃	GANSU	2 391	4 480	211	1 399	27
青 海	QINGHAI	482	1 622	114	248	7
宁 夏	NINGXIA	1 055	3 140	119	732	21
新 疆	XINJIANG	3 165	10 982	599	2 057	90

各地区工业废水排放及处理情况（二）
Discharge and Treatment of Industrial Waste Water by Region（2）
（2020）

单位：千克 　　　　　　　　　　　　　　　　　　　　　　　　　　　　　　　　　　　　　　（kg）

年份/地区 Year/Region		工业废水中污染物排放量 Amount of Pollutants Discharged in the Industrial Waste Water			
		石油类 Petroleum	挥发酚 VolatilePhenol	氰化物 Cyanide	重金属 Heavy Metal
	2016	11 599 426	272 124	57 937	162 646
	2017	7 639 284	244 103	54 044	176 384
	2018	7 157 690	174 441	46 053	125 421
	2019	6 292 979	147 074	38 236	117 650
	2020	3 734 039	59 799	42 425	67 490
北 京	BEIJING	4 735	1	1	8
天 津	TIANJIN	8 783	127	94	142
河 北	HEBEI	133 505	4 977	2 960	777
山 西	SHANXI	26 514	1 019	845	233
内蒙古	INNER MONGOLIA	45 017	244	258	851
辽 宁	LIAONING	278 527	11 164	1 321	353
吉 林	JILIN	34 606	360	209	2 791
黑龙江	HEILONGJIANG	52 141	1 114	358	260
上 海	SHANGHAI	226 381	512	172	239
江 苏	JIANGSU	191 934	4 349	1 832	2 375
浙 江	ZHEJIANG	157 656	791	1 029	3 333
安 徽	ANHUI	90 951	1 341	1 472	2 383
福 建	FUJIAN	55 727	684	459	1 683
江 西	JIANGXI	104 826	11 956	1 407	9 437
山 东	SHANDONG	219 762	8 747	1 561	4 219
河 南	HENAN	46 514	651	475	1 280
湖 北	HUBEI	1 078 030	1 117	9 300	5 316
湖 南	HUNAN	64 793	360	545	12 792
广 东	GUANGDONG	203 006	828	3 664	7 634
广 西	GUANGXI	25 424	149	6 075	1 436
海 南	HAINAN	839	305	6 058	33
重 庆	CHONGQING	108 841	3 415	391	310
四 川	SICHUAN	357 091	2 021	518	957
贵 州	GUIZHOU	27 506	136	202	291
云 南	YUNNAN	40 657	1 126	303	3 525
西 藏	TIBET	228	1	...	2
陕 西	SHAANXI	39 324	384	476	1 612
甘 肃	GANSU	30 411	280	83	1 315
青 海	QINGHAI	9 988	511	7	954
宁 夏	NINGXIA	9 394	253	123	64
新 疆	XINJIANG	60 928	875	228	885

各地区工业废气排放及处理情况
Discharge and Treatment of Industrial Waste Gas by Region
（2020）

单位：吨 　　　　　　　　　　　　　　　　　　　　　　　　　　　　　　　　　　　（ton）

年份/ 地区 Year/ Region		工业废气中污染物排放量 Volume of Pollutants Emission in the Industrial Waste Gas			
		二氧化硫 Sulphur Dioxide	氮氧化物 Nitrogen Oxide	颗粒物 Particulate Matter	挥发性有机物 Volatile Organic Compounds
	2016	7 704 689	8 091 004	13 761 577	—
	2017	5 298 770	6 464 927	10 669 966	—
	2018	4 467 324	5 887 366	9 489 037	—
	2019	3 953 670	5 480 735	9 259 287	—
	2020	2 531 511	4 174 959	4 009 413	2 171 281
北 京	BEIJING	988	9 751	4 376	13 213
天 津	TIANJIN	9 756	29 167	10 053	25 825
河 北	HEBEI	122 789	301 107	168 176	80 384
山 西	SHANXI	122 494	320 324	352 985	76 681
内蒙古	INNER MONGOLIA	223 916	295 982	461 970	93 980
辽 宁	LIAONING	144 429	228 642	128 321	121 382
吉 林	JILIN	53 072	95 483	182 965	32 660
黑龙江	HEILONGJIANG	90 311	106 103	119 230	39 254
上 海	SHANGHAI	5 200	23 396	7 899	31 199
江 苏	JIANGSU	108 322	190 524	139 806	193 384
浙 江	ZHEJIANG	49 495	116 349	77 037	184 119
安 徽	ANHUI	104 672	171 823	88 321	58 710
福 建	FUJIAN	61 330	142 732	94 417	91 108
江 西	JIANGXI	86 395	145 112	110 865	57 714
山 东	SHANDONG	152 865	287 363	131 517	276 635
河 南	HENAN	56 958	103 426	60 791	23 055
湖 北	HUBEI	55 105	103 275	93 337	88 234
湖 南	HUNAN	64 288	106 066	117 285	48 040
广 东	GUANGDONG	101 296	220 316	108 214	228 094
广 西	GUANGXI	82 609	157 881	96 036	63 124
海 南	HAINAN	5 854	17 986	9 209	5 040
重 庆	CHONGQING	46 992	71 189	59 050	39 604
四 川	SICHUAN	125 027	163 022	161 161	61 622
贵 州	GUIZHOU	143 584	134 167	142 375	8 339
云 南	YUNNAN	146 194	161 985	243 009	43 156
西 藏	TIBET	5 162	5 825	8 753	131
陕 西	SHAANXI	63 981	128 902	196 601	59 021
甘 肃	GANSU	66 045	82 457	68 633	17 994
青 海	QINGHAI	38 683	27 101	61 577	4 170
宁 夏	NINGXIA	67 861	77 974	83 154	23 873
新 疆	XINJIANG	125 838	149 528	422 290	81 536

各地区工业污染治理情况（一）
Discharge and Treatment of Industrial Waste Water by Region（1）
（2020）

年份/ 地区	Year/ Region	废水治理 设施数量/套 Number of Facilities for Treatment of Waste Water （set）	废水治理设施 治理能力/ （万吨/日） Capacity of Facilities For Treatment of Waste Water （10 000 tons/day）	工业废水 治理设施运行费用/ 万元 Annual Expenditure for Operation （10 000 yuan）
	2016	**63 477**	**20 010.4**	**6 270 479.3**
	2017	**62 125**	**18 330.6**	**6 498 905.9**
	2018	**63 412**	**16 317.0**	**6 691 809.6**
	2019	**69 200**	**17 195.3**	**8 075 179.8**
	2020	**68 150**	**16 281.5**	**8 372 425.4**
北 京	BEIJING	505	44.8	33 925.1
天 津	TIANJIN	1 029	67.2	81 691.1
河 北	HEBEI	2 676	833.1	341 994.2
山 西	SHANXI	1 319	396.8	208 983.5
内蒙古	INNER MONGOLIA	1 292	550.7	261 564.9
辽 宁	LIAONING	1 948	814.8	271 012.7
吉 林	JILIN	652	161.9	79 833.3
黑龙江	HEILONGJIANG	798	538.4	193 549.4
上 海	SHANGHAI	1 803	156.1	172 464.9
江 苏	JIANGSU	6 726	1 369.3	1 169 848.6
浙 江	ZHEJIANG	8 049	997.6	975 861.6
安 徽	ANHUI	2 865	1 192.1	316 500.0
福 建	FUJIAN	3 001	1 551.4	260 399.5
江 西	JIANGXI	3 617	667.4	295 391.9
山 东	SHANDONG	5 114	1 048.6	864 154.9
河 南	HENAN	2 484	758.4	284 029.9
湖 北	HUBEI	2 159	556.9	280 368.3
湖 南	HUNAN	2 032	629.9	167 964.4
广 东	GUANGDONG	8 033	876.2	822 358.0
广 西	GUANGXI	1 152	687.8	133 258.7
海 南	HAINAN	280	52.0	28 071.0
重 庆	CHONGQING	1 532	157.7	103 986.4
四 川	SICHUAN	3 727	632.9	306 305.4
贵 州	GUIZHOU	725	489.4	69 971.2
云 南	YUNNAN	1 454	351.7	112 574.8
西 藏	TIBET	53	6.2	1 104.3
陕 西	SHAANXI	1 133	221.2	156 977.2
甘 肃	GANSU	632	106.1	65 707.7
青 海	QINGHAI	159	21.9	24 850.2
宁 夏	NINGXIA	313	105.5	109 457.2
新 疆	XINJIANG	888	237.6	178 265.2

注：废水治理相关指标数据口径为有任意一项废水污染物产生或者排放的企业（即涉水企业），下同。

各地区工业污染治理情况（二）
Discharge and Treatment of Industrial Waste Gas by Region（2）
（2020）

年份/ 地区 Year/ Region		废气治理 设施数量/套 Facilities for Treatment of Waste Gas （set）	脱硫设施 Desulfurization Facilities	脱硝设施 Denitrification Facilities	除尘设施 Dedusting Facilities	VOCs 治理 设施 VOCs Treatment Facilities	废气治理 设施运行 费用/万元 Annual Expenditure for Operation （10 000 yuan）
	2016	158 682	30 700	10 124	101 427	16 431	23 886 925.2
	2017	229 618	43 070	18 859	125 630	42 059	19 679 047.9
	2018	246 558	41 741	21 815	129 907	53 095	21 728 171.1
	2019	315 586	46 269	27 699	162 799	78 819	23 396 539.1
	2020	372 962	37 026	22 663	174 806	96 585	25 604 198.0
北　京	BEIJING	3 849	42	593	1 591	1 255	90 485.8
天　津	TIANJIN	8 382	301	315	3 636	3 214	563 572.5
河　北	HEBEI	33 986	2 017	2 141	17 898	9 341	2 608 023.7
山　西	SHANXI	14 992	2 115	1 750	9 546	945	1 303 886.3
内蒙古	INNER MONGOLIA	8 921	1 778	640	6 095	188	1 107 398.5
辽　宁	LIAONING	13 126	2 090	1 090	7 835	1 416	960 102.6
吉　林	JILIN	3 384	791	240	1 884	306	234 955.5
黑龙江	HEILONGJIANG	3 819	739	521	2 357	108	218 048.5
上　海	SHANGHAI	11 287	176	400	3 715	4 802	603 156.8
江　苏	JIANGSU	27 627	1 381	955	10 030	10 057	2 640 875.9
浙　江	ZHEJIANG	31 722	1 543	812	11 088	12 659	1 453 829.4
安　徽	ANHUI	16 041	1 469	758	8 463	3 631	1 034 829.3
福　建	FUJIAN	11 019	1 282	339	5 044	2 976	538 770.0
江　西	JIANGXI	13 630	1 603	314	6 899	3 549	696 875.7
山　东	SHANDONG	43 133	3 736	5 022	20 242	10 585	3 054 099.2
河　南	HENAN	15 827	1 776	1 657	7 932	3 399	1 195 919.8
湖　北	HUBEI	8 785	728	318	4 790	1 953	743 033.8
湖　南	HUNAN	6 958	1 339	274	3 833	1 019	426 947.7
广　东	GUANGDONG	41 504	2 658	943	12 219	17 246	1 441 584.3
广　西	GUANGXI	4 927	966	259	2 906	474	455 581.8
海　南	HAINAN	725	99	44	458	45	91 200.5
重　庆	CHONGQING	5 229	656	190	2 379	1 126	282 548.6
四　川	SICHUAN	15 721	2 077	788	7 542	4 088	1 060 541.2
贵　州	GUIZHOU	1 834	371	141	990	138	398 439.6
云　南	YUNNAN	6 352	1 190	163	4 419	212	448 996.7
西　藏	TIBET	343	27	15	286	7	9 280.7
陕　西	SHAANXI	6 494	961	583	3 198	1 157	537 673.3
甘　肃	GANSU	4 553	1 238	456	2 505	176	359 485.8
青　海	QINGHAI	1 152	132	51	845	53	80 811.5
宁　夏	NINGXIA	2 560	480	255	1 557	143	430 249.2
新　疆	XINJIANG	5 080	1 265	636	2 624	317	532 993.7

注：废气治理相关指标数据口径为有任意一项废气污染物产生或者排放的企业（即涉气企业），下同。

各地区一般工业固体废物产生及利用处置情况
Generation and Utilization of Industrial Solid Wastes by Region
（2020）

单位：万吨 （10 000 tons）

年份/ 地区	Year/ Region	一般工业固体废物产生量 Industrial Solid Wastes Generated	一般工业固体废物综合利用量 Industrial Solid Wastes Utilized	一般工业固体废物处置量 Industrial Solid Wastes Disposed
	2016	371 237	210 995	85 232
	2017	386 707	206 117	94 314
	2018	407 799	216 860	103 283
	2019	440 810	232 079	110 359
	2020	367 546	203 798	91 749
北 京	BEIJING	415	193	223
天 津	TIANJIN	1 739	1 731	6
河 北	HEBEI	34 081	18 880	11 399
山 西	SHANXI	42 635	17 150	19 546
内蒙古	INNER MONGOLIA	35 117	12 377	13 711
辽 宁	LIAONING	25 526	11 478	7 942
吉 林	JILIN	4 676	2 407	1 512
黑龙江	HEILONGJIANG	6 769	3 166	1 328
上 海	SHANGHAI	1 809	1 702	111
江 苏	JIANGSU	11 870	10 866	970
浙 江	ZHEJIANG	4 591	4 546	56
安 徽	ANHUI	14 012	12 026	1 813
福 建	FUJIAN	6 043	4 016	2 044
江 西	JIANGXI	12 083	5 498	816
山 东	SHANDONG	24 989	19 612	1 587
河 南	HENAN	15 355	11 468	2 099
湖 北	HUBEI	8 987	6 178	2 016
湖 南	HUNAN	4 360	3 270	538
广 东	GUANGDONG	6 944	5 631	956
广 西	GUANGXI	9 030	4 389	1 396
海 南	HAINAN	714	484	228
重 庆	CHONGQING	2 272	1 909	445
四 川	SICHUAN	14 903	5 656	2 562
贵 州	GUIZHOU	9 516	6 610	1 494
云 南	YUNNAN	17 473	9 060	4 621
西 藏	TIBET	1 940	185	1
陕 西	SHAANXI	12 430	6 443	4 903
甘 肃	GANSU	5 450	2 804	1 728
青 海	QINGHAI	15 724	6 892	203
宁 夏	NINGXIA	6 738	3 117	3 336
新 疆	XINJIANG	9 354	4 053	2 161

各地区工业危险废物产生及利用处置情况
Generation and Utilization of Hazardous Wastes by Region
（2020）

单位：吨 (ton)

年份/ 地区	Year/ Region	危险废物产生量 Hazardous Wastes Generated	危险废物利用处置量 Hazardous Wastes Utilized and Disposed
	2016	52 195 017	43 172 073
	2017	65 812 889	59 726 782
	2018	74 699 695	67 884 921
	2019	81 259 549	75 392 825
	2020	72 818 098	76 304 819
北　京	BEIJING	249 732	245 385
天　津	TIANJIN	636 982	637 646
河　北	HEBEI	3 574 633	3 521 645
山　西	SHANXI	2 139 828	2 117 716
内蒙古	INNER MONGOLIA	5 405 752	4 770 853
辽　宁	LIAONING	1 375 311	1 302 335
吉　林	JILIN	1 970 200	1 671 476
黑龙江	HEILONGJIANG	1 185 370	1 265 628
上　海	SHANGHAI	1 319 065	1 326 585
江　苏	JIANGSU	5 220 538	5 244 121
浙　江	ZHEJIANG	4 447 871	4 621 389
安　徽	ANHUI	1 680 169	1 671 013
福　建	FUJIAN	1 385 524	1 388 814
江　西	JIANGXI	1 476 614	1 496 576
山　东	SHANDONG	9 333 492	10 044 088
河　南	HENAN	2 123 053	2 269 367
湖　北	HUBEI	1 221 727	1 222 443
湖　南	HUNAN	2 186 285	2 283 270
广　东	GUANGDONG	4 182 059	4 343 512
广　西	GUANGXI	2 522 116	2 700 898
海　南	HAINAN	97 697	95 755
重　庆	CHONGQING	835 307	881 249
四　川	SICHUAN	4 568 948	4 574 994
贵　州	GUIZHOU	570 535	570 635
云　南	YUNNAN	2 901 605	8 883 868
西　藏	TIBET	4 902	4 890
陕　西	SHAANXI	1 609 580	1 656 005
甘　肃	GANSU	1 576 262	1 286 050
青　海	QINGHAI	3 196 513	819 668
宁　夏	NINGXIA	977 724	1 007 346
新　疆	XINJIANG	2 842 705	2 379 598

各地区工业污染防治投资情况（一）
Treatment Investment for Industrial Pollution by Region（1）
（2020）

单位：个 (unit)

年份/ 地区	Year/ Region	涉投资工业企业数 Number of Industrial Enterprises Collected	本年施工项目总数 Number of Projects under Construction	工业废水治理项目 Treatment of Waste Water	工业废气治理项目 Treatment of Waste Gas	脱硫治理项目 Treatment of Desulfurization	脱硝治理项目 Treatment of Denitration	工业固体废物治理项目 Treatment of Solid Wastes	噪声治理项目 Treatment of Noise Pollution	其他治理项目 Treatment of Other Pollution
2016		**8 271**	**8 869**	**1 597**	**5 779**	**1 352**	**478**	**215**	**91**	**1 187**
2017		**9 887**	**9 809**	**1 402**	**6 383**	**1 392**	**610**	**138**	**107**	**1 779**
2018		**7 991**	**8 257**	**1 243**	**5 058**	**939**	**500**	**162**	**103**	**1 691**
2019		**8 357**	**7 609**	**1 251**	**4 633**	**672**	**511**	**130**	**87**	**1 508**
2020		**5 400**	**5 190**	**678**	**3 164**	**353**	**313**	**65**	**51**	**1 232**
北　京	BEIJING	38	34	6	16	0	0	0	0	12
天　津	TIANJIN	77	62	1	54	1	5	0	1	6
河　北	HEBEI	256	141	7	101	10	12	1	0	32
山　西	SHANXI	164	200	21	101	27	31	7	2	69
内蒙古	INNER MONGOLIA	91	96	5	49	21	9	4	0	38
辽　宁	LIAONING	113	73	4	41	6	9	1	4	23
吉　林	JILIN	30	20	2	11	1	0	0	0	7
黑龙江	HEILONGJIANG	36	38	3	23	5	6	3	0	9
上　海	SHANGHAI	143	164	21	92	0	10	1	2	48
江　苏	JIANGSU	343	311	43	201	5	6	0	1	66
浙　江	ZHEJIANG	867	845	118	515	18	35	3	9	200
安　徽	ANHUI	191	150	17	103	9	11	1	2	27
福　建	FUJIAN	135	111	19	78	13	7	4	0	10
江　西	JIANGXI	285	249	58	108	11	5	6	3	74
山　东	SHANDONG	724	825	79	617	62	71	4	5	120
河　南	HENAN	205	203	10	148	13	22	1	0	44
湖　北	HUBEI	122	117	21	70	10	1	7	0	19
湖　南	HUNAN	74	71	11	39	5	1	3	2	16
广　东	GUANGDONG	573	545	102	319	11	10	2	5	117
广　西	GUANGXI	52	45	11	17	4	3	2	0	15
海　南	HAINAN	6	1	1	0	0	0	0	0	0
重　庆	CHONGQING	85	63	6	53	2	14	0	0	4
四　川	SICHUAN	170	140	19	81	15	8	1	3	36
贵　州	GUIZHOU	119	161	33	62	16	8	9	2	55
云　南	YUNNAN	193	201	36	82	43	3	3	4	76
西　藏	TIBET	2	3	0	1	1	0	0	2	0
陕　西	SHAANXI	96	132	11	68	12	9	2	1	50
甘　肃	GANSU	47	35	7	24	4	2	0	1	3
青　海	QINGHAI	13	14	0	5	1	0	0	0	9
宁　夏	NINGXIA	54	60	2	36	15	4	0	1	21
新　疆	XINJIANG	96	80	4	49	12	11	0	1	26

各地区工业污染防治投资情况（二）
Treatment Investment for Industrial Pollution by Region（2）
（2020）

单位：个 （unit）

年份/ 地区	Year/ Region	本年竣工项目总数 Number of Projects Completed	工业废水治理项目 Treatment of Waste Water	工业废气治理项目 Treatment of Waste Gas	脱硫治理项目 Treatment of Desulfurization	脱硝治理项目 Treatment of Denitration	工业固体废物治理项目 Treatment of Solid Wastes	噪声治理项目 Treatment of Noise Pollution	其他治理项目 Treatment of Other Pollution
	2016	7 175	1 198	4 730	1 087	384	167	85	995
	2017	7 889	1 020	5 235	1 105	511	112	91	1 431
	2018	6 700	944	4 165	748	386	130	84	1 377
	2019	6 177	952	3 820	540	421	102	72	1 231
	2020	4 050	508	2 512	287	253	39	44	947
北 京	BEIJING	27	6	12	0	0	0	0	9
天 津	TIANJIN	49	1	41	0	3	0	1	6
河 北	HEBEI	115	7	84	8	11	0	0	24
山 西	SHANXI	157	13	76	24	24	6	1	61
内蒙古	INNER MONGOLIA	64	4	35	16	8	2	0	23
辽 宁	LIAONING	47	2	29	4	6	0	3	13
吉 林	JILIN	17	1	10	1	0	0	0	6
黑龙江	HEILONGJIANG	32	2	23	5	6	1	0	6
上 海	SHANGHAI	114	11	66	0	8	0	2	35
江 苏	JIANGSU	254	31	166	5	6	0	1	56
浙 江	ZHEJIANG	644	92	378	13	23	2	8	164
安 徽	ANHUI	127	11	89	6	10	1	2	24
福 建	FUJIAN	95	16	68	10	6	2	0	9
江 西	JIANGXI	178	41	81	6	3	4	3	49
山 东	SHANDONG	675	55	516	58	62	4	5	95
河 南	HENAN	163	10	118	10	16	1	0	34
湖 北	HUBEI	61	9	39	9	0	3	0	10
湖 南	HUNAN	59	9	32	4	0	3	2	13
广 东	GUANGDONG	438	84	264	11	8	0	4	86
广 西	GUANGXI	40	10	14	2	2	2	0	14
海 南	HAINAN	0	0	0	0	0	0	0	0
重 庆	CHONGQING	56	4	48	2	14	0	0	4
四 川	SICHUAN	110	14	63	13	6	0	3	30
贵 州	GUIZHOU	115	26	53	14	7	6	1	29
云 南	YUNNAN	146	31	59	30	2	0	3	53
西 藏	TIBET	2	0	0	0	0	0	2	0
陕 西	SHAANXI	118	8	60	11	7	2	1	47
甘 肃	GANSU	24	6	15	3	2	0	0	3
青 海	QINGHAI	12	0	4	1	0	0	0	8
宁 夏	NINGXIA	49	2	30	12	3	0	1	16
新 疆	XINJIANG	62	2	39	9	10	0	1	20

各地区工业污染防治投资情况（三）
Treatment Investment for Industrial Pollution by Region（3）
（2020）

单位：万元 （10 000 yuan）

年份/ 地区	Year/ Region	施工项目本 年完成投资 Investment Completed in the Treatment of Industrial Pollution This Year	工业废水 治理项目 Treatment of Waste Water	工业废气 治理项目 Treatment of Waste Gas	脱硫治 理项目 Treatment of Desulfurization	脱硝治 理项目 Treatment of Denitration	工业固体 废物治理 项目 Treatment of Solid Wastes	噪声治理 项目 Treatment of Noise Pollution	其他治理 项目 Treatment of Other Pollution
	2016	8 190 040.5	1 082 394.9	5 614 702.3	1 750 554.8	550 494.2	389 352.9	6 236.0	1 097 354.3
	2017	6 815 345.5	763 760.1	4 462 627.9	1 595 536.9	486 222.0	127 419.4	12 862.4	1 448 675.7
	2018	6 212 735.6	640 082.4	3 931 104.2	1 038 503.5	782 762.5	184 249.5	15 181.1	1 442 118.6
	2019	6 151 513.4	699 004.3	3 676 995.4	1 104 579.0	560 488.9	170 729.0	14 168.5	1 590 616.2
	2020	4 542 585.9	573 852.1	2 423 724.9	400 178.1	602 771.1	173 064.0	7 404.7	1 364 540.2
北 京	BEIJING	5 122.5	2 054.8	1 831.7	0.0	0.0	0.0	0.0	1 236.0
天 津	TIANJIN	74 510.6	52.0	73 987.4	5 000.0	993.7	0.0	37.1	434.1
河 北	HEBEI	129 336.1	4 605.1	100 482.6	9 408.3	30 796.4	10.0	0.0	24 238.4
山 西	SHANXI	284 909.8	12 301.2	203 094.8	30 619.5	51 642.2	7 881.9	177.6	61 454.4
内蒙古	INNER MONGOLIA	154 407.1	11 492.2	52 016.9	34 566.2	5 090.4	3 710.6	0.0	87 187.5
辽 宁	LIAONING	98 020.1	3 194.0	20 832.1	4 479.0	2 055.5	78.0	47.7	73 868.3
吉 林	JILIN	8 062.7	1 070.0	6 228.7	2 423.8	0.0	0.0	0.0	764.0
黑龙江	HEILONGJIANG	40 805.2	12 072.4	9 302.4	2 645.6	1 235.1	7 606.5	0.0	11 823.9
上 海	SHANGHAI	90 710.8	26 720.3	24 190.0	0.0	3 837.7	2.0	10.8	39 787.8
江 苏	JIANGSU	531 334.7	158 679.5	317 097.5	10 241.0	13 794.0	0.0	12.2	55 545.6
浙 江	ZHEJIANG	505 096.5	39 552.6	213 697.7	15 426.3	72 113.6	6 528.1	390.8	244 927.4
安 徽	ANHUI	243 545.9	14 256.3	146 489.2	9 940.6	87 416.8	3 000.0	45.0	79 755.4
福 建	FUJIAN	175 765.7	10 994.7	73 896.7	16 798.2	34 639.0	50 311.2	0.0	40 563.1
江 西	JIANGXI	93 009.4	23 980.6	59 375.2	3 951.1	29 751.0	192.4	524.2	8 937.0
山 东	SHANDONG	519 486.8	96 401.5	328 130.0	37 014.8	105 154.8	22 210.0	2 561.0	70 184.4
河 南	HENAN	144 548.0	8 357.0	95 703.8	15 809.0	35 920.8	460.0	0.0	40 027.2
湖 北	HUBEI	198 108.0	15 575.8	117 300.3	54 633.9	6 442.2	43 892.7	0.0	21 339.2
湖 南	HUNAN	33 507.9	4 406.5	19 461.7	4 495.0	50.0	4 899.0	350.0	4 390.8
广 东	GUANGDONG	235 469.9	44 963.0	119 906.6	15 293.4	19 731.8	652.0	259.0	69 689.3
广 西	GUANGXI	35 533.7	7 644.0	20 387.4	11 150.0	7 472.0	185.0	0.0	7 317.3
海 南	HAINAN	475.8	475.8	0.0	0.0	0.0	0.0	0.0	0.0
重 庆	CHONGQING	40 175.6	695.8	39 170.0	8 916.0	1 422.0	0.0	0.0	309.8
四 川	SICHUAN	244 413.9	17 495.1	75 658.3	18 280.8	1 694.5	5 500.0	636.8	145 123.7
贵 州	GUIZHOU	154 911.0	11 929.6	31 567.2	19 953.6	7 362.0	11 784.7	216.0	99 413.5
云 南	YUNNAN	142 339.2	24 933.2	77 362.4	26 532.3	3 330.0	600.0	334.7	39 108.9
西 藏	TIBET	2 094.0	0.0	592.0	592.0	0.0	0.0	1 502.0	0.0
陕 西	SHAANXI	194 957.4	3 204.0	88 916.3	9 369.2	66 673.0	3 560.0	15.0	99 262.1
甘 肃	GANSU	33 844.1	6 610.4	27 067.8	2 361.6	4 176.5	0.0	91.8	74.0
青 海	QINGHAI	2 896.5	0.0	1 676.5	6.5	0.0	0.0	0.0	1 220.0
宁 夏	NINGXIA	60 458.5	5 780.0	36 637.9	6 123.0	7 227.0	0.0	23.0	18 017.6
新 疆	XINJIANG	64 728.6	4 355.0	41 663.7	24 147.5	2 749.2	0.0	170.0	18 539.9

各地区工业污染防治投资情况（四）
Treatment Investment for Industrial Pollution by Region（4）
（2020）

年份/ 地区	Year/ Region	本年竣工项目新增设计处理能力 Capacity for Treatment of Industrial Pollution New-added		
		治理废水/ （万吨/日） Treatment of Waste Water （10 000 tons/day）	治理废气（标态）/ （万米³/时） Treatment of Waste Gas （10 000 cu.m/hour）	治理固体废物/ （万吨/日） Treatment of Solid Wastes （10 000 tons/day）
	2016	240.7	85 778.2	26.2
	2017	205.8	89 306.9	5.1
	2018	185.1	61 197.8	3.3
	2019	188.3	49 799.8	55.0
	2020	138.1	29 581.3	8.1
北 京	BEIJING	0.2	61.2	0.0
天 津	TIANJIN	0.1	1 004.0	0.0
河 北	HEBEI	0.9	684.5	...
山 西	SHANXI	7.3	2 664.1	0.5
内蒙古	INNER MONGOLIA	0.2	1 154.8	0.4
辽 宁	LIAONING	0.5	478.7	0.1
吉 林	JILIN	0.5	111.9	...
黑龙江	HEILONGJIANG	10.0	419.0	...
上 海	SHANGHAI	3.3	282.8	...
江 苏	JIANGSU	9.7	1 115.7	...
浙 江	ZHEJIANG	24.1	1 672.5	0.2
安 徽	ANHUI	2.9	1 622.1	...
福 建	FUJIAN	2.7	1 032.7	0.1
江 西	JIANGXI	14.9	935.1	0.2
山 东	SHANDONG	13.1	6 415.0	0.3
河 南	HENAN	2.4	970.9	...
湖 北	HUBEI	1.4	1 095.7	0.4
湖 南	HUNAN	1.7	364.4	5.1
广 东	GUANGDONG	6.4	1 338.1	0.1
广 西	GUANGXI	5.6	666.2	0.1
海 南	HAINAN	...	0.0	0.0
重 庆	CHONGQING	...	758.4	0.0
四 川	SICHUAN	4.5	897.6	...
贵 州	GUIZHOU	7.1	920.7	0.3
云 南	YUNNAN	8.6	1 289.3	0.3
西 藏	TIBET	0.0	...	0.0
陕 西	SHAANXI	6.9	404.5	0.1
甘 肃	GANSU	0.7	351.4	0.0
青 海	QINGHAI	0.0	2.4	0.0
宁 夏	NINGXIA	1.4	238.2	0.0
新 疆	XINJIANG	1.1	629.5	...

各地区农业污染排放情况（一）
Discharge of Agricultural Pollution by Region（1）
（2020）

单位：吨 （ton）

年份/ 地区	Year/ Region	COD排放量 Total Amount of COD Discharge	畜禽养殖业 Livestock and Poultry Breeding Induxtry	水产养殖业 Aquaculture Industry
	2016	571 052	571 052	—
	2017	317 661	317 661	—
	2018	245 404	245 404	—
	2019	186 126	186 126	—
	2020	15 932 272	15 162 812	769 460
北　京	BEIJING	11 394	11 143	251
天　津	TIANJIN	119 889	115 891	3 998
河　北	HEBEI	887 857	877 449	10 408
山　西	SHANXI	426 954	426 119	834
内蒙古	INNER MONGOLIA	596 824	596 124	700
辽　宁	LIAONING	1 068 567	1 058 771	9 796
吉　林	JILIN	411 611	409 192	2 419
黑龙江	HEILONGJIANG	1 288 929	1 280 342	8 588
上　海	SHANGHAI	7 901	3 807	4 094
江　苏	JIANGSU	695 806	529 800	166 007
浙　江	ZHEJIANG	80 141	27 551	52 590
安　徽	ANHUI	675 496	631 115	44 381
福　建	FUJIAN	170 057	152 822	17 235
江　西	JIANGXI	626 227	574 384	51 843
山　东	SHANDONG	965 840	942 515	23 324
河　南	HENAN	850 773	838 363	12 410
湖　北	HUBEI	1 066 904	934 217	132 687
湖　南	HUNAN	959 718	926 234	33 483
广　东	GUANGDONG	654 147	553 588	100 558
广　西	GUANGXI	431 363	387 038	44 325
海　南	HAINAN	84 865	63 313	21 552
重　庆	CHONGQING	178 797	170 424	8 373
四　川	SICHUAN	490 747	490 744	3
贵　州	GUIZHOU	918 628	914 937	3 691
云　南	YUNNAN	403 469	393 284	10 185
西　藏	TIBET	496 470	496 466	4
陕　西	SHAANXI	204 190	202 326	1 864
甘　肃	GANSU	490 602	490 430	172
青　海	QINGHAI	21 636	21 427	209
宁　夏	NINGXIA	176 935	175 541	1 394
新　疆	XINJIANG	469 535	467 456	2 080

注：2016—2019年畜禽养殖业调查范围为大型畜禽养殖场，下同。

各地区农业污染排放情况（二）
Discharge of Agricultural Pollution by Region（2）
（2020）

单位：吨 (ton)

年份/ 地区 Year/ Region		氨氮排放量 Total Amount of Ammonia Nitrogen Discharge	种植业 Crop Farming	畜禽养殖业 Livestock and Poultry Breeding Induxtry	水产养殖业 Aquaculture Industry
	2016	12 537	—	12 537	—
	2017	6 576	—	6 576	—
	2018	4 810	—	4 810	—
	2019	3 683	—	3 683	—
	2020	253 780	72 742	153 481	27 557
北 京	BEIJING	162	7	147	9
天 津	TIANJIN	1 163	41	1 025	97
河 北	HEBEI	14 386	654	13 388	345
山 西	SHANXI	4 845	269	4 544	33
内蒙古	INNER MONGOLIA	8 047	105	7 917	25
辽 宁	LIAONING	9 095	589	7 790	717
吉 林	JILIN	4 082	94	3 894	93
黑龙江	HEILONGJIANG	13 077	2 134	10 602	341
上 海	SHANGHAI	273	147	48	78
江 苏	JIANGSU	14 878	6 419	5 786	2 673
浙 江	ZHEJIANG	5 709	3 433	438	1 838
安 徽	ANHUI	14 110	4 978	7 558	1 573
福 建	FUJIAN	11 036	2 901	2 434	5 700
江 西	JIANGXI	13 722	4 615	6 714	2 394
山 东	SHANDONG	13 840	380	12 598	861
河 南	HENAN	11 012	2 270	8 294	448
湖 北	HUBEI	22 004	5 452	14 488	2 063
湖 南	HUNAN	22 204	10 667	9 937	1 600
广 东	GUANGDONG	14 380	6 500	4 430	3 450
广 西	GUANGXI	13 955	9 896	2 722	1 336
海 南	HAINAN	1 636	1 014	425	198
重 庆	CHONGQING	3 334	1 574	1 369	392
四 川	SICHUAN	7 838	3 098	4 739	...
贵 州	GUIZHOU	6 623	1 849	4 533	240
云 南	YUNNAN	6 836	2 792	3 162	882
西 藏	TIBET	2 145	2	2 143	...
陕 西	SHAANXI	2 641	558	2 021	62
甘 肃	GANSU	2 931	120	2 804	7
青 海	QINGHAI	389	6	376	7
宁 夏	NINGXIA	921	21	850	50
新 疆	XINJIANG	6 508	156	6 306	45

各地区农业污染排放情况（三）
Discharge of Agricultural Pollution by Region（3）
（2020）

单位：吨 （ton）

年份/ 地区	Year/ Region	总氮排放量 Total Amount of Total Nitrogen Discharge	种植业 Crop Farming	畜禽养殖业 Livestock and Poultry Breeding Induxtry	水产养殖业 Aquaculture Industry
	2016	40 909	—	40 909	—
	2017	22 859	—	22 859	—
	2018	17 691	—	17 691	—
	2019	13 386	—	13 386	—
	2020	1 589 380	623 585	840 287	125 508
北 京	BEIJING	954	135	772	48
天 津	TIANJIN	7 129	460	5 934	735
河 北	HEBEI	65 510	7 325	56 250	1 935
山 西	SHANXI	26 991	3 943	22 916	132
内蒙古	INNER MONGOLIA	42 373	883	41 309	181
辽 宁	LIAONING	63 624	5 123	54 174	4 327
吉 林	JILIN	26 908	3 350	22 928	630
黑龙江	HEILONGJIANG	77 695	13 628	62 180	1 886
上 海	SHANGHAI	1 645	1 106	266	273
江 苏	JIANGSU	85 442	45 915	31 282	8 245
浙 江	ZHEJIANG	38 167	29 218	2 047	6 902
安 徽	ANHUI	87 801	48 091	34 147	5 564
福 建	FUJIAN	60 055	22 762	10 488	26 805
江 西	JIANGXI	72 055	33 248	31 273	7 534
山 东	SHANDONG	69 790	9 356	56 786	3 647
河 南	HENAN	88 512	40 784	45 914	1 814
湖 北	HUBEI	106 674	51 539	48 842	6 293
湖 南	HUNAN	109 729	50 847	53 432	5 450
广 东	GUANGDONG	105 114	53 020	32 016	20 077
广 西	GUANGXI	113 683	80 580	22 401	10 703
海 南	HAINAN	16 716	8 203	3 477	5 036
重 庆	CHONGQING	24 922	12 515	11 179	1 228
四 川	SICHUAN	66 049	31 605	34 444	...
贵 州	GUIZHOU	63 540	18 011	43 607	1 922
云 南	YUNNAN	71 941	41 420	27 610	2 910
西 藏	TIBET	15 095	29	15 065	1
陕 西	SHAANXI	18 776	6 723	11 612	441
甘 肃	GANSU	23 424	1 654	21 719	51
青 海	QINGHAI	1 537	83	1 405	49
宁 夏	NINGXIA	7 988	248	7 339	401
新 疆	XINJIANG	29 539	1 782	27 471	286

各地区农业污染排放情况（四）
Discharge of Agricultural Pollution by Region（4）
（2020）

单位：吨 （ton）

年份/地区 Year/Region		总磷排放量 Total Amount of Total Phosphorus Discharge	种植业 Crop Farming	畜禽养殖业 Livestock and Poultry Breeding Induxtry	水产养殖业 Aquaculture Industry
	2016	6 273	—	6 273	—
	2017	3 096	—	3 096	—
	2018	2 307	—	2 307	—
	2019	1 821	—	1 821	—
	2020	246 394	70 096	155 464	20 834
北 京	BEIJING	113	8	99	5
天 津	TIANJIN	1 313	39	1 240	34
河 北	HEBEI	9 158	642	8 327	189
山 西	SHANXI	5 334	247	5 072	16
内蒙古	INNER MONGOLIA	3 443	118	3 302	24
辽 宁	LIAONING	11 405	411	10 508	485
吉 林	JILIN	4 038	100	3 892	46
黑龙江	HEILONGJIANG	10 944	1 405	9 447	92
上 海	SHANGHAI	233	150	41	43
江 苏	JIANGSU	13 360	4 867	7 165	1 328
浙 江	ZHEJIANG	6 779	5 230	356	1 193
安 徽	ANHUI	13 194	5 138	7 371	686
福 建	FUJIAN	9 678	2 826	2 052	4 800
江 西	JIANGXI	11 715	4 138	6 189	1 387
山 东	SHANDONG	10 969	218	10 235	517
河 南	HENAN	12 384	3 212	9 131	42
湖 北	HUBEI	18 232	6 252	11 536	445
湖 南	HUNAN	17 024	5 102	11 452	469
广 东	GUANGDONG	18 370	7 079	7 394	3 897
广 西	GUANGXI	15 639	9 018	4 174	2 446
海 南	HAINAN	2 908	999	626	1 284
重 庆	CHONGQING	3 527	1 457	1 964	106
四 川	SICHUAN	9 564	3 759	5 806	...
贵 州	GUIZHOU	12 609	3 339	8 853	417
云 南	YUNNAN	7 927	3 377	3 882	669
西 藏	TIBET	3 474	3	3 471	...
陕 西	SHAANXI	2 843	745	2 058	41
甘 肃	GANSU	3 987	118	3 861	8
青 海	QINGHAI	238	5	224	8
宁 夏	NINGXIA	1 611	19	1 481	112
新 疆	XINJIANG	4 380	75	4 259	46

各地区生活污染排放及处理情况（一）
Discharge and Treatment of Household Pollution by Region（1）
（2020）

单位：吨

（ton）

年份/ 地区	Year/ Region	化学需氧量 排放量 Amount of Household COD Generated	城镇 Urban Area	农村 Rural Area	氨氮排放量 Amount of Household Ammonia Nitrogen Discharged	城镇 Urban Area	农村 Rural Area
	2016	4 735 477	4 735 477	—	484 089	484 089	—
	2017	4 838 155	4 838 155	—	454 119	454 119	—
	2018	4 768 014	4 768 014	—	447 187	447 187	—
	2019	4 699 493	4 699 493	—	421 390	421 390	—
	2020	9 188 875	5 342 209	3 846 667	706 572	501 715	204 857
北 京	BEIJING	40 464	12 528	27 937	2 606	697	1 909
天 津	TIANJIN	33 600	16 747	16 853	1 302	383	919
河 北	HEBEI	359 981	171 297	188 684	16 997	12 194	4 803
山 西	SHANXI	187 992	105 788	82 204	11 386	10 123	1 264
内蒙古	INNER MONGOLIA	103 089	51 728	51 361	5 387	4 581	806
辽 宁	LIAONING	165 660	72 789	92 871	8 880	7 011	1 868
吉 林	JILIN	141 400	52 923	88 477	5 149	3 426	1 723
黑龙江	HEILONGJIANG	179 866	94 086	85 780	9 913	8 686	1 227
上 海	SHANGHAI	56 113	36 064	20 049	2 496	1 005	1 491
江 苏	JIANGSU	452 369	331 878	120 491	34 506	25 437	9 069
浙 江	ZHEJIANG	407 413	226 592	180 821	31 753	18 958	12 795
安 徽	ANHUI	493 554	306 797	186 757	29 130	19 274	9 856
福 建	FUJIAN	433 279	337 390	95 889	33 730	24 878	8 852
江 西	JIANGXI	367 168	218 294	148 875	30 392	18 157	12 235
山 东	SHANDONG	522 414	220 023	302 391	37 384	22 771	14 614
河 南	HENAN	578 637	290 749	287 887	34 494	26 792	7 702
湖 北	HUBEI	440 877	279 258	161 619	35 074	23 630	11 444
湖 南	HUNAN	501 208	292 705	208 503	48 394	32 817	15 577
广 东	GUANGDONG	904 055	634 996	269 059	79 737	52 675	27 062
广 西	GUANGXI	576 537	347 448	229 089	57 653	36 891	20 763
海 南	HAINAN	83 462	51 593	31 869	6 381	3 477	2 904
重 庆	CHONGQING	132 399	36 992	95 408	16 402	11 835	4 566
四 川	SICHUAN	787 939	529 502	258 437	71 006	58 129	12 877
贵 州	GUIZHOU	244 176	119 834	124 342	21 538	16 071	5 466
云 南	YUNNAN	271 338	113 702	157 636	20 521	15 344	5 176
西 藏	TIBET	33 684	19 611	14 072	2 875	2 672	203
陕 西	SHAANXI	274 908	163 236	111 671	22 249	18 662	3 587
甘 肃	GANSU	99 960	25 339	74 621	3 351	2 507	844
青 海	QINGHAI	62 338	46 524	15 815	4 869	4 675	194
宁 夏	NINGXIA	40 198	22 555	17 644	2 342	1 911	431
新 疆	XINJIANG	212 796	113 240	99 556	18 676	16 044	2 631

各地区生活污染排放及处理情况（二）
Discharge and Treatment of Household Pollution by Region（2）
（2020）

单位：吨 （ton）

年份/ 地区	Year/ Region	总氮排放量 Amount of Household Total Nitrogen Discharged	城镇 Urban Area	农村 Rural Area	总磷排放量 Amount of Household Total Phosphorus Discharged	城镇 Urban Area	农村 Rural Area
	2016	4 735 477	4 735 477	—	484 089	484 089	—
	2017	4 838 155	4 838 155	—	454 119	454 119	—
	2018	4 768 014	4 768 014	—	447 187	447 187	—
	2019	4 699 493	4 699 493	—	421 390	421 390	—
	2020	1 515 627	1 143 439	372 188	86 540	56 259	30 281
北　京	BEIJING	9 203	6 372	2 831	343	187	156
天　津	TIANJIN	8 883	7 435	1 448	234	140	94
河　北	HEBEI	44 588	35 677	8 911	1 880	1 090	791
山　西	SHANXI	25 889	23 216	2 674	1 315	990	325
内蒙古	INNER MONGOLIA	13 427	11 228	2 199	846	607	240
辽　宁	LIAONING	32 839	28 145	4 694	1 287	838	449
吉　林	JILIN	18 185	13 777	4 408	866	439	427
黑龙江	HEILONGJIANG	22 475	18 864	3 611	1 298	895	403
上　海	SHANGHAI	22 782	19 981	2 801	431	248	183
江　苏	JIANGSU	87 549	70 790	16 760	4 152	2 911	1 241
浙　江	ZHEJIANG	73 669	51 466	22 203	2 906	1 412	1 494
安　徽	ANHUI	59 887	42 418	17 470	4 413	2 815	1 598
福　建	FUJIAN	58 537	44 867	13 670	3 661	2 691	970
江　西	JIANGXI	52 150	33 246	18 905	3 908	2 507	1 402
山　东	SHANDONG	88 505	64 788	23 717	2 613	1 133	1 480
河　南	HENAN	79 902	65 975	13 927	3 828	2 611	1 217
湖　北	HUBEI	78 287	55 724	22 563	6 051	4 095	1 955
湖　南	HUNAN	90 473	60 133	30 339	6 551	4 048	2 503
广　东	GUANGDONG	174 073	127 313	46 760	11 862	7 965	3 896
广　西	GUANGXI	112 868	76 049	36 820	7 797	4 896	2 902
海　南	HAINAN	13 543	8 122	5 421	1 040	628	412
重　庆	CHONGQING	31 554	22 778	8 776	1 029	323	706
四　川	SICHUAN	127 304	102 165	25 140	7 954	5 904	2 050
贵　州	GUIZHOU	38 839	28 062	10 777	2 572	1 684	888
云　南	YUNNAN	36 496	25 893	10 603	2 505	1 514	991
西　藏	TIBET	3 596	3 032	564	329	258	70
陕　西	SHAANXI	50 006	43 722	6 284	2 080	1 489	591
甘　肃	GANSU	11 154	9 210	1 944	559	320	238
青　海	QINGHAI	11 547	11 128	419	347	298	49
宁　夏	NINGXIA	5 579	4 761	818	270	190	79
新　疆	XINJIANG	31 836	27 104	4 732	1 613	1 135	478

各地区生活污染排放及处理情况（三）
Discharge and Treatment of Household Pollution by Region（3）
（2020）

单位：吨

（ton）

年份/地区 Year/Region		二氧化硫排放量 Amount of Household Sulphur Dioxide Emission	氮氧化物排放量 Amount of Household Nitrogen Oxide Emission	颗粒物排放量 Amount of Household Soot Emission	挥发性有机物 Volatile Organic Compounds
2016		840 128	615 725	2 192 114	—
2017		805 186	591 756	2 061 452	—
2018		687 238	531 415	1 731 412	—
2019		612 998	497 424	1 549 001	—
2020		648 061	333 806	2 016 198	1 825 455
北 京	BEIJING	761	8 613	4 538	26 754
天 津	TIANJIN	417	3 458	4 428	16 486
河 北	HEBEI	38 783	30 859	194 765	107 846
山 西	SHANXI	38 028	14 690	95 453	50 622
内蒙古	INNER MONGOLIA	50 008	30 328	250 292	63 161
辽 宁	LIAONING	61 778	20 845	154 795	71 519
吉 林	JILIN	15 216	8 083	60 989	44 947
黑龙江	HEILONGJIANG	52 876	30 219	264 480	74 805
上 海	SHANGHAI	232	4 211	1 298	27 567
江 苏	JIANGSU	4 060	8 625	16 856	100 178
浙 江	ZHEJIANG	1 934	2 516	5 699	76 556
安 徽	ANHUI	3 820	7 915	38 523	67 150
福 建	FUJIAN	17 379	5 128	34 877	44 719
江 西	JIANGXI	16 117	5 476	32 410	52 668
山 东	SHANDONG	40 315	18 236	108 087	126 064
河 南	HENAN	9 636	6 458	17 932	102 671
湖 北	HUBEI	42 077	12 709	84 467	75 787
湖 南	HUNAN	37 969	12 703	95 127	84 880
广 东	GUANGDONG	15 080	10 375	43 595	129 220
广 西	GUANGXI	4 954	1 854	9 977	47 852
海 南	HAINAN	...	410	38	9 275
重 庆	CHONGQING	20 527	7 328	24 575	38 362
四 川	SICHUAN	38 073	20 048	59 812	106 865
贵 州	GUIZHOU	33 681	4 656	37 472	58 156
云 南	YUNNAN	30 379	7 140	50 775	55 189
西 藏	TIBET	505	142	783	3 940
陕 西	SHAANXI	29 630	14 940	85 166	58 757
甘 肃	GANSU	19 717	10 676	79 047	36 571
青 海	QINGHAI	1 422	4 411	14 464	8 514
宁 夏	NINGXIA	3 716	2 839	18 649	10 391
新 疆	XINJIANG	18 971	17 915	126 830	47 984

各地区污水处理情况（一）
Waste Water Treatment by Region（1）
（2020）

年份/地区 Year/Region	污水处理厂数量/家 Number of Urban Waste Water Treatment Plants （unit）	污水处理厂设计处理能力/ （万吨/日） Treatment Capacity （10 000 tons/day）	本年运行费用/万元 Annul Expenditure for Operation （10 000 yuan）	污水处理厂累计完成投资/万元 Total Investment of Urban Waste Water Treatment （10 000 yuan）	新增固定资产/万元 Newly-added Fixed Assets （10 000 yuan）
2016	7 103	20 780	5 399 205.2	54 914 072.6	3 774 755.2
2017	7 536	22 011	6 444 629.1	61 193 859.1	3 710 390.2
2018	8 200	23 537	7 395 963.1	68 616 383.3	4 056 059.6
2019	9 322	25 450	8 794 063.0	79 279 534.2	5 143 441.4
2020	11 055	27 270	10 010 003.6	95 680 788.0	5 448 064.7
北 京 BEIJING	310	774	388 142.4	4 033 662.7	113 064.8
天 津 TIANJIN	147	474	225 619.2	2 433 933.3	57 120.6
河 北 HEBEI	363	1 208	506 846.4	4 071 436.2	280 130.5
山 西 SHANXI	248	494	220 720.5	2 010 019.3	134 190.0
内蒙古 INNER MONGOLIA	177	460	222 988.7	2 516 642.8	100 626.5
辽 宁 LIAONING	289	1 113	380 908.3	2 619 619.5	141 711.9
吉 林 JILIN	111	519	166 953.1	2 004 830.1	64 654.2
黑龙江 HEILONGJIANG	190	517	143 561.2	1 630 392.4	80 332.6
上 海 SHANGHAI	46	853	325 145.7	4 085 179.7	462 339.6
江 苏 JIANGSU	811	2 052	855 931.8	7 556 673.3	396 039.6
浙 江 ZHEJIANG	459	1 736	781 715.9	5 793 667.5	192 526.0
安 徽 ANHUI	437	1 062	272 398.1	3 192 536.5	133 126.0
福 建 FUJIAN	236	715	252 441.5	2 144 480.4	166 612.1
江 西 JIANGXI	347	579	170 019.2	1 863 047.1	177 200.9
山 东 SHANDONG	636	2 100	866 485.0	5 741 525.5	267 524.4
河 南 HENAN	385	1 619	471 579.8	4 741 234.1	128 027.0
湖 北 HUBEI	536	1 182	316 938.5	4 274 935.8	239 277.3
湖 南 HUNAN	368	1 058	294 424.0	3 636 561.1	228 893.0
广 东 GUANGDONG	836	3 506	1 026 952.0	10 030 319.8	887 970.4
广 西 GUANGXI	314	604	304 523.3	1 942 268.6	58 057.5
海 南 HAINAN	72	161	51 538.3	584 190.6	62 623.1
重 庆 CHONGQING	811	590	306 925.0	2 294 293.9	117 968.2
四 川 SICHUAN	1 582	1 251	467 819.2	5 015 658.0	404 530.8
贵 州 GUIZHOU	392	428	121 262.8	1 830 064.5	87 551.0
云 南 YUNNAN	212	467	148 237.6	1 684 015.0	85 428.1
西 藏 TIBET	21	29	15 541.3	167 772.7	621.0
陕 西 SHAANXI	256	662	229 727.8	3 283 080.1	136 324.9
甘 肃 GANSU	138	293	114 138.1	1 323 140.2	83 371.4
青 海 QINGHAI	56	84	27 294.5	422 276.6	24 770.8
宁 夏 NINGXIA	80	196	92 141.3	828 111.3	29 907.8
新 疆 XINJIANG	189	487	241 083.1	1 925 219.5	105 542.9

各地区污水处理情况（二）
Waste Water Treatment by Region（2）
（2020）

单位：万吨

（10 000 tons）

年份/ 地区	Year/ Region	污水实际 处理量 Quantity of Waste Water Treated	污水再生 利用量 Waste Water Recycled	工业用水量 Waste Water Recycled for Industry	市政用水量 Waste Water Recycled for Municipal Services	景观用水量 Waste Water Recycled for Landscape
	2016	5 858 211	341 654	141 203	27 452	173 000
	2017	6 271 983	498 328	155 737	51 310	291 280
	2018	6 798 241	584 802	165 928	42 579	376 295
	2019	7 426 829	656 502	174 834	54 346	427 322
	2020	8 112 695	847 055	201 522	64 632	580 900
北 京	BEIJING	205 658	126 989	5 055	10 462	111 472
天 津	TIANJIN	128 409	8 377	5 393	1 185	1 799
河 北	HEBEI	301 398	74 139	23 094	5 259	45 787
山 西	SHANXI	150 922	25 157	12 337	2 945	9 875
内蒙古	INNER MONGOLIA	110 428	38 540	23 983	3 853	10 705
辽 宁	LIAONING	339 869	30 480	11 352	292	18 836
吉 林	JILIN	150 044	7 061	2 417	44	4 600
黑龙江	HEILONGJIANG	131 551	2 407	2 282	97	28
上 海	SHANGHAI	302 169	975	733	0	242
江 苏	JIANGSU	602 838	61 799	17 639	10 683	33 476
浙 江	ZHEJIANG	521 108	33 049	11 587	1 397	20 064
安 徽	ANHUI	313 229	22 693	5 100	2 877	14 716
福 建	FUJIAN	206 084	23 000	167	397	22 436
江 西	JIANGXI	169 403	1 628	855	14	759
山 东	SHANDONG	594 356	107 179	21 664	7 994	77 521
河 南	HENAN	461 724	57 972	24 113	3 772	30 086
湖 北	HUBEI	347 363	10 864	2 019	1 016	7 829
湖 南	HUNAN	328 109	11 242	222	43	10 977
广 东	GUANGDONG	1 032 388	86 305	6 663	2 675	76 967
广 西	GUANGXI	407 946	5 058	1 397	38	3 623
海 南	HAINAN	44 294	2 224	89	613	1 522
重 庆	CHONGQING	177 036	3 896	3 390	205	300
四 川	SICHUAN	350 180	2 044	492	802	751
贵 州	GUIZHOU	133 063	6 262	146	90	6 026
云 南	YUNNAN	145 351	46 079	760	1 820	43 499
西 藏	TIBET	9 926	41	0	29	12
陕 西	SHAANXI	196 542	10 563	5 902	312	4 349
甘 肃	GANSU	69 952	11 474	4 960	1 628	4 886
青 海	QINGHAI	25 477	2 611	847	2	1 762
宁 夏	NINGXIA	41 026	6 965	3 546	799	2 621
新 疆	XINJIANG	114 849	19 981	3 318	3 289	13 374

各地区污水处理情况（三）
Waste Water Treatment by Region（3）
（2020）

单位：万吨
（10 000 tons）

年份/ 地区	Year/ Region	污泥产生量 Quantity of Sludge Generated	污泥处置量 Quantity of Sludge Disposed	土地 利用量 Landuse	填埋 处置量 Landfill	建筑材料 利用量 As Building Material	焚烧 处置量 Incineration	污泥倾倒 丢弃量 Quantity of Sludge Discharged
	2016	**1 789.22**	**1 785.16**	**337.94**	**697.32**	**267.31**	**482.59**	**4.07**
	2017	**1 507.36**	**1 505.86**	**357.60**	**473.14**	**259.73**	**415.39**	**1.49**
	2018	**1 376.68**	**1 376.36**	**346.35**	**382.99**	**246.06**	**400.96**	**0.32**
	2019	**1 457.60**	**1 457.47**	**374.34**	**373.77**	**232.22**	**477.13**	**0.13**
	2020	**3 698.42**	**3 697.55**	**1 083.14**	**810.25**	**617.13**	**1 187.02**	**0.87**
北 京	BEIJING	143.37	143.37	119.60	0.60	5.31	17.87	0.00
天 津	TIANJIN	64.91	64.91	48.03	0.10	8.11	8.67	0.00
河 北	HEBEI	156.04	156.04	52.31	41.37	15.43	46.94	0.00
山 西	SHANXI	110.00	109.89	15.03	32.25	29.12	33.50	0.11
内蒙古	INNER MONGOLIA	90.19	90.14	29.08	47.19	0.93	12.93	0.05
辽 宁	LIAONING	147.71	147.71	70.20	42.15	28.33	7.03	...
吉 林	JILIN	63.28	63.28	35.26	12.68	3.04	12.29	0.00
黑龙江	HEILONGJIANG	75.26	75.25	29.72	43.40	0.28	1.86	0.01
上 海	SHANGHAI	57.88	57.88	0.74	20.48	0.00	36.66	0.00
江 苏	JIANGSU	368.64	368.64	43.97	17.95	48.29	258.43	...
浙 江	ZHEJIANG	342.66	342.66	23.14	10.41	27.31	281.80	0.00
安 徽	ANHUI	96.35	96.35	38.83	10.72	20.18	26.62	0.00
福 建	FUJIAN	95.04	95.03	35.90	6.10	18.76	34.28	0.01
江 西	JIANGXI	48.63	48.63	8.63	21.08	9.99	8.93	0.00
山 东	SHANDONG	417.02	417.02	128.69	44.27	88.01	156.06	...
河 南	HENAN	215.78	215.14	104.63	66.83	17.95	25.73	0.64
湖 北	HUBEI	85.20	85.20	25.24	15.76	28.24	15.96	...
湖 南	HUNAN	87.22	87.22	13.27	36.43	23.90	13.62	0.00
广 东	GUANGDONG	267.93	267.92	59.48	5.75	115.44	87.26	...
广 西	GUANGXI	47.95	47.95	21.36	5.22	11.50	9.87	0.00
海 南	HAINAN	15.74	15.73	8.17	1.19	0.30	6.06	0.01
重 庆	CHONGQING	102.03	102.01	17.35	17.33	58.89	8.45	0.02
四 川	SICHUAN	236.89	236.89	74.27	108.36	14.65	39.60	...
贵 州	GUIZHOU	35.15	35.15	2.17	9.85	10.06	13.07	0.00
云 南	YUNNAN	44.45	44.44	12.51	22.35	7.15	2.44	...
西 藏	TIBET	1.59	1.59	1.32	0.27	0.00	0.00	0.00
陕 西	SHAANXI	119.11	119.10	33.93	49.14	23.83	12.20	0.01
甘 肃	GANSU	65.07	65.07	7.26	52.96	...	4.85	0.00
青 海	QINGHAI	13.25	13.25	0.12	11.74	1.21	0.18	0.00
宁 夏	NINGXIA	29.84	29.84	9.51	16.78	0.30	3.24	0.00
新 疆	XINJIANG	54.25	54.25	13.42	39.56	0.64	0.63	...

各地区污水处理情况（四）
Waste Water Treatment by Region（4）
（2020）

单位：吨 (ton)

年份/ 地区	Year/ Region	污染物去除量 Quantity of Pollutants Removed by Urban Waste Water Treatment			
		化学需氧量 COD	氨氮 Ammonia Nitrogen	总氮 Total Nitrogen	总磷 Total Phosphorus
	2016	13 812 942.4	1 311 934.0	1 447 269.8	169 070.2
	2017	15 400 133.7	1 439 775.0	1 569 371.2	195 444.6
	2018	16 562 091.4	1 565 448.3	1 730 897.1	226 403.6
	2019	21 294 936.2	1 831 219.9	2 358 847.1	258 519.4
	2020	17 796 766.8	1 852 949.1	2 051 512.5	272 619.4
北 京	BEIJING	579 756.2	66 164.8	83 556.4	9 878.2
天 津	TIANJIN	321 927.3	34 926.0	45 085.4	8 098.6
河 北	HEBEI	801 782.6	94 973.9	116 602.9	12 424.0
山 西	SHANXI	441 461.6	49 022.9	59 136.9	6 496.2
内蒙古	INNER MONGOLIA	457 948.1	50 842.6	61 424.6	5 509.7
辽 宁	LIAONING	711 604.1	73 797.7	82 150.6	10 531.2
吉 林	JILIN	326 296.5	31 990.3	33 268.7	5 073.3
黑龙江	HEILONGJIANG	378 309.6	36 219.3	42 427.4	6 261.0
上 海	SHANGHAI	694 343.6	75 383.5	71 037.9	9 410.0
江 苏	JIANGSU	1 385 517.2	127 727.6	136 263.1	17 826.8
浙 江	ZHEJIANG	1 350 341.0	109 883.1	121 686.7	21 537.1
安 徽	ANHUI	464 979.0	59 382.8	63 936.5	8 744.6
福 建	FUJIAN	409 293.4	41 842.9	47 204.1	6 948.6
江 西	JIANGXI	205 718.0	22 081.1	21 760.6	2 960.7
山 东	SHANDONG	1 681 324.8	169 474.9	203 919.8	25 442.3
河 南	HENAN	1 031 490.8	124 326.4	143 519.5	16 620.4
湖 北	HUBEI	469 535.3	50 195.9	50 706.7	6 466.2
湖 南	HUNAN	471 888.3	41 849.9	45 704.3	6 901.8
广 东	GUANGDONG	1 796 279.8	170 195.9	182 313.8	30 875.9
广 西	GUANGXI	655 885.8	96 034.5	81 447.0	8 568.5
海 南	HAINAN	70 926.6	8 672.0	9 056.1	1 159.0
重 庆	CHONGQING	384 228.2	36 148.8	40 770.7	6 270.4
四 川	SICHUAN	727 844.1	85 345.8	88 037.2	11 394.6
贵 州	GUIZHOU	187 320.6	19 288.4	18 503.6	2 481.9
云 南	YUNNAN	324 465.6	29 939.2	34 973.9	5 484.5
西 藏	TIBET	8 887.6	633.0	1 333.9	224.1
陕 西	SHAANXI	600 366.7	60 611.5	63 688.4	7 953.7
甘 肃	GANSU	304 184.4	27 819.1	35 857.3	3 313.9
青 海	QINGHAI	62 369.7	7 785.1	6 455.8	1 138.0
宁 夏	NINGXIA	135 166.6	12 943.2	16 175.9	2 307.9
新 疆	XINJIANG	355 323.7	37 446.9	43 506.9	4 316.5

各地区生活垃圾处理情况（一）
Centralized Treatment of Garbage by Region（1）
（2020）

年份/地区 Year/Region		生活垃圾处理场（厂）数量/家 Number of Garbage Treatment Plants（unit）	（单独）餐厨垃圾集中处理厂/家 （Single）Centralized Food Waste Treatment Plant（unit）	本年运行费用/万元 Annul Expenditure for Operation（10 000 yuan）	新增固定资产/万元 Newly-added Fixed Assets（10 000 yuan）
	2016	2 327	—	835 917.1	931 706.5
	2017	2 323	—	961 074.7	1 542 589.7
	2018	2 381	—	1 084 593.8	1 194 827.0
	2019	2 438	—	1 296 588.2	1 650 951.7
	2020	2 234	43	2 370 688.0	1 126 116.4
北 京	BEIJING	22	5	94 092.8	2 598.4
天 津	TIANJIN	4	1	18 525.0	15 361.0
河 北	HEBEI	113	2	64 686.5	18 653.3
山 西	SHANXI	91	2	44 352.4	81 942.7
内蒙古	INNER MONGOLIA	117	0	42 182.6	6 984.7
辽 宁	LIAONING	62	0	39 849.7	13 808.4
吉 林	JILIN	44	0	44 696.0	9 960.2
黑龙江	HEILONGJIANG	78	2	42 374.6	32 102.4
上 海	SHANGHAI	8	1	16 455.1	4.9
江 苏	JIANGSU	52	0	95 046.3	11 144.1
浙 江	ZHEJIANG	71	6	153 873.2	63 219.4
安 徽	ANHUI	52	3	51 070.2	138 292.2
福 建	FUJIAN	50	1	44 553.6	18 327.9
江 西	JIANGXI	66	1	44 054.2	17 858.5
山 东	SHANDONG	69	3	87 311.9	66 200.3
河 南	HENAN	115	0	91 906.0	27 489.9
湖 北	HUBEI	110	2	93 922.0	15 578.4
湖 南	HUNAN	96	2	118 994.1	77 014.2
广 东	GUANGDONG	99	4	248 202.7	127 921.3
广 西	GUANGXI	83	0	59 211.4	58 642.9
海 南	HAINAN	16	0	99 669.4	5 683.1
重 庆	CHONGQING	37	1	29 206.9	3 715.9
四 川	SICHUAN	128	2	85 581.7	140 757.3
贵 州	GUIZHOU	70	0	51 175.3	12 145.9
云 南	YUNNAN	112	1	506 084.0	21 324.9
西 藏	TIBET	78	0	9 504.6	7 541.2
陕 西	SHAANXI	90	1	32 964.9	91 142.6
甘 肃	GANSU	116	0	17 155.8	7 823.9
青 海	QINGHAI	65	0	5 925.0	3 410.2
宁 夏	NINGXIA	18	1	3 754.9	3 593.8
新 疆	XINJIANG	102	2	34 305.3	25 872.3

注：2020年生活垃圾处理场（厂）不包括垃圾焚烧发电厂和水泥窑协同处置垃圾的企业，下同。

各地区生活垃圾处理情况（二）
Centralized Treatment of Garbage by Region（2）
（2020）

单位：万吨 （10 000 tons）

年份/ 地区	Year/ Region	填埋量 Landfill	堆肥量 Compost	焚烧量 Incineration	其他方式 处理量 Other	厌氧发酵 处理量 Anaerobic Fermentation	生物分解 处理量 Biolysis
	2016	18 349.0	288.1	7 718.3	323.2	—	—
	2017	21 249.5	203.6	8 855.6	1 579.3	—	—
	2018	19 630.9	161.4	10 574.1	899.9	—	—
	2019	19 593.9	134.7	12 892.9	1 210.4	—	—
	2020	21 915.9	89.0	4 507.3	509.7	356.9	94.9
北 京	BEIJING	203.1	49.2	24.2	2.0	43.6	23.3
天 津	TIANJIN	136.6	0.0	0.9	0.0	11.0	0.0
河 北	HEBEI	1 242.3	9.9	34.5	33.0	16.6	0.0
山 西	SHANXI	842.8	1.2	97.3	0.0	7.5	0.0
内蒙古	INNER MONGOLIA	574.3	0.0	57.2	15.2	22.6	0.0
辽 宁	LIAONING	1 164.1	4.9	189.7	0.0	28.3	0.3
吉 林	JILIN	492.0	0.0	152.0	10.9	0.0	0.0
黑龙江	HEILONGJIANG	663.6	0.0	78.2	6.0	5.1	0.0
上 海	SHANGHAI	296.2	1.4	0.0	0.0	8.3	12.5
江 苏	JIANGSU	467.8	0.0	461.6	26.1	0.0	0.0
浙 江	ZHEJIANG	788.5	...	370.0	5.3	50.4	...
安 徽	ANHUI	499.4	0.0	179.2	1.1	6.2	5.8
福 建	FUJIAN	671.5	0.0	616.4	40.4	20.9	0.0
江 西	JIANGXI	934.9	2.5	34.8	4.1	0.0	5.5
山 东	SHANDONG	800.2	0.0	411.9	0.0	17.3	0.0
河 南	HENAN	2 041.0	9.3	320.9	34.1	0.0	19.7
湖 北	HUBEI	788.6	0.0	30.6	109.1	14.8	0.0
湖 南	HUNAN	1 066.7	0.0	204.5	60.3	33.7	4.3
广 东	GUANGDONG	2 039.3	0.0	419.8	15.4	29.6	2.1
广 西	GUANGXI	667.4	0.0	160.2	68.7	1.9	0.0
海 南	HAINAN	314.4	0.0	78.0	0.0	0.0	0.0
重 庆	CHONGQING	478.4	0.0	75.7	21.9	3.2	0.0
四 川	SICHUAN	1 130.5	7.7	120.9	3.7	8.0	0.0
贵 州	GUIZHOU	589.4	0.0	46.1	31.5	0.0	0.0
云 南	YUNNAN	619.5	2.9	158.2	10.1	6.4	0.0
西 藏	TIBET	117.2	0.0	21.1	0.0	0.0	0.0
陕 西	SHAANXI	736.1	0.0	148.5	...	3.6	0.0
甘 肃	GANSU	514.0	0.0	7.1	0.0	5.4	5.9
青 海	QINGHAI	257.5	0.0	0.1	0.0	0.0	0.0
宁 夏	NINGXIA	84.3	0.0	0.0	2.8	11.7	11.7
新 疆	XINJIANG	694.4	0.0	7.9	8.0	0.9	3.9

各地区生活垃圾处理场（厂）污染排放情况（一）
Discharge of Garbage Treatment Plants Pollution by Region（1）
（2020）

单位：吨 （ton）

年份/ 地区	Year/ Region	渗滤液中污染物排放量 Amount of Pollutants Discharged in the Landfill Leachate				
		化学需氧量 COD	氨氮 Ammonial Nitrogen	总氮 Total Nitrogen	总磷 Total Phosphorus	重金属 Heavy Mental
	2016	45 786	6 545	8 108	161	5
	2017	22 830	3 440	5 368	106	6
	2018	14 402	2 471	3 886	71	3
	2019	13 720	2 517	4 386	93	3
	2020	28 486	2 413	3 914	99	5
北　京	BEIJING	314	36	53	2	...
天　津	TIANJIN	13	2	5	...	...
河　北	HEBEI	106	20	45	2	...
山　西	SHANXI	67	6	15	...	...
内蒙古	INNER MONGOLIA	85	13	22	1	...
辽　宁	LIAONING	116	23	32	1	...
吉　林	JILIN	100	14	22	...	...
黑龙江	HEILONGJIANG	1 601	152	191	4	...
上　海	SHANGHAI	186	7	51	2	...
江　苏	JIANGSU	111	13	107	1	...
浙　江	ZHEJIANG	206	11	175	2	...
安　徽	ANHUI	606	125	168	3	...
福　建	FUJIAN	75	12	31	1	...
江　西	JIANGXI	652	153	210	4	...
山　东	SHANDONG	97	9	23	1	...
河　南	HENAN	261	48	75	1	...
湖　北	HUBEI	145	25	70	2	2
湖　南	HUNAN	890	188	345	7	...
广　东	GUANGDONG	13 973	781	988	33	1
广　西	GUANGXI	6 769	383	547	16	...
海　南	HAINAN	36	6	15	1	...
重　庆	CHONGQING	42	5	97	1	...
四　川	SICHUAN	222	45	130	4	...
贵　州	GUIZHOU	327	76	148	3	...
云　南	YUNNAN	577	118	159	3	...
西　藏	TIBET	176	31	39	...	...
陕　西	SHAANXI	205	39	52	1	...
甘　肃	GANSU	329	47	62	1	...
青　海	QINGHAI	140	17	23	...	...
宁　夏	NINGXIA	33	5	6	...	...
新　疆	XINJIANG	29	4	6	...	...

各地区生活垃圾处理场（厂）污染排放情况（二）
Discharge of Garbage Treatment Plants Pollution by Region（2）
（2020）

单位：吨 （ton）

年份/ 地区	Year/ Region	废气中污染物排放量 Amount of Pollutants Discharged in the Waste Gas		
		二氧化硫 Sulphur Dioxide	氮氧化物 Nitrogen Oxide	颗粒物 Particulate Matter
	2016	**1 120**	**2 613**	**1 179**
	2017	**1 513**	**6 789**	**2 256**
	2018	**1 272**	**6 348**	**672**
	2019	**1 240**	**6 879**	**418**
	2020	**1 582**	**13 690**	**473**
北　京	BEIJING	12	126	2
天　津	TIANJIN	...	...	...
河　北	HEBEI	33	231	60
山　西	SHANXI	16	135	2
内蒙古	INNER MONGOLIA	15	266	3
辽　宁	LIAONING	156	882	19
吉　林	JILIN	106	486	19
黑龙江	HEILONGJIANG	11	217	13
上　海	SHANGHAI	0	0	0
江　苏	JIANGSU	127	1 390	34
浙　江	ZHEJIANG	...	18	1
安　徽	ANHUI	55	373	8
福　建	FUJIAN	46	363	23
江　西	JIANGXI	0	0	0
山　东	SHANDONG	44	135	11
河　南	HENAN	147	1 194	31
湖　北	HUBEI	16	59	2
湖　南	HUNAN	133	1 048	4
广　东	GUANGDONG	352	2 891	126
广　西	GUANGXI	74	2 000	59
海　南	HAINAN	0	0	0
重　庆	CHONGQING	0	0	0
四　川	SICHUAN	28	106	10
贵　州	GUIZHOU	124	1 327	37
云　南	YUNNAN	19	73	4
西　藏	TIBET	...	...	...
陕　西	SHAANXI	69	370	6
甘　肃	GANSU	0	0	0
青　海	QINGHAI	...	...	...
宁　夏	NINGXIA	0	0	0
新　疆	XINJIANG	0	0	0

各地区危险废物（医疗废物）集中处置情况（一）

Centralized Treatment of Hazardous Wastes（Medical Wastes）by Region（1）

（2020）

年份/地区	Year/Region	危险废物集中处置厂数量/家 Number of Centralized Hazardous Wastes Treatment Plants（unit）	医疗废物集中处置厂数量/家 Number of Centralized Medical Wastes Treatment Plants（unit）	协同处置企业数量/家 Number of Co-processing firms（unit）	本年运行费用/万元 Annul Expenditure for Operation（10 000 yuan）	危险废物（医疗废物）集中处置厂累计完成投资/万元 Total Investment of Hazardous/Medical Wastes Treatment Plants（10 000 yuan）	新增固定资产/万元 Newly-added Fixed Assets（10 000 yuan）
	2016	938	260	97	1 185 923.3	5 867 799.7	485 032.5
	2017	1 203	302	89	2 231 390.1	9 242 656.4	695 144.9
	2018	1 229	310	79	2 447 740.0	9 198 260.8	771 827.7
	2019	1 325	338	97	5 944 468.6	11 692 840.1	1 245 383.2
	2020	1 380	371	144	3 521 471.6	14 735 148.2	1 472 053.6
北 京	BEIJING	12	2	2	80 860.2	120 574.6	5 646.4
天 津	TIANJIN	22	1	3	63 949.0	274 543.7	24 883.1
河 北	HEBEI	35	21	7	89 141.1	861 170.1	26 404.5
山 西	SHANXI	13	15	2	37 699.1	111 526.6	8 290.9
内蒙古	INNER MONGOLIA	14	15	2	33 062.7	137 078.1	26 547.3
辽 宁	LIAONING	37	13	2	166 247.1	251 382.6	20 825.2
吉 林	JILIN	35	10	9	37 478.6	206 755.0	9 459.6
黑龙江	HEILONGJIANG	24	17	2	22 840.6	133 404.9	7 490.0
上 海	SHANGHAI	28	0	1	140 933.4	455 143.2	23 258.8
江 苏	JIANGSU	297	5	15	571 368.7	2 640 758.4	286 415.4
浙 江	ZHEJIANG	151	6	9	322 837.2	1 065 459.7	147 082.0
安 徽	ANHUI	28	11	5	63 068.7	373 002.8	53 748.1
福 建	FUJIAN	46	6	9	80 054.6	584 900.9	53 075.3
江 西	JIANGXI	69	10	2	180 419.2	1 065 534.8	125 040.7
山 东	SHANDONG	132	12	13	400 257.6	1 490 854.9	155 552.0
河 南	HENAN	33	27	6	60 082.8	267 244.0	11 544.9
湖 北	HUBEI	53	12	3	101 807.5	729 393.1	24 247.1
湖 南	HUNAN	11	9	3	40 114.9	119 316.2	4 583.2
广 东	GUANGDONG	99	21	3	377 674.0	1 079 998.6	110 088.0
广 西	GUANGXI	20	12	7	112 854.0	169 096.3	32 493.7
海 南	HAINAN	6	2	2	6 236.7	29 955.0	128.0
重 庆	CHONGQING	22	12	3	52 068.6	243 295.3	19 927.6
四 川	SICHUAN	37	31	9	132 849.0	528 418.0	34 751.7
贵 州	GUIZHOU	14	27	2	18 298.8	133 589.3	44 681.4
云 南	YUNNAN	11	18	3	29 572.4	130 679.6	9 042.8
西 藏	TIBET	1	6	0	2 863.9	14 396.5	71.7
陕 西	SHAANXI	38	8	9	94 234.6	348 167.0	52 312.1
甘 肃	GANSU	25	15	3	35 040.7	252 243.9	61 813.8
青 海	QINGHAI	14	8	2	20 283.9	258 855.0	19 059.8
宁 夏	NINGXIA	13	4	1	19 870.7	42 730.9	3 488.6
新 疆	XINJIANG	40	15	5	127 401.2	615 679.2	70 100.1

各地区危险废物（医疗废物）集中处置情况（二）
Centralized Treatment of Hazardous Wastes（Medical Wastes）by Region（2）
（2020）

单位：吨   （ton）

年份/地区 Year/Region		工业危险废物处置量 Industrial Hazardous Wastes	医疗废物处置量 Medical Hazardous Wastes	其他危险废物处置量 Other Hazardous Wastes	危险废物综合利用量 Volume of Hazardous Wastes Utilized
	2016	**7 572 446**	**842 606**	**628 475**	**8 942 534**
	2017	**7 732 580**	**953 009**	**439 989**	**13 907 946**
	2018	**9 231 796**	**1 036 704**	**740 182**	**14 261 914**
	2019	**12 937 446**	**1 165 876**	**870 718**	**18 466 062**
	2020	**9 950 381**	**1 061 155**	**1 388 681**	**18 529 720**
北 京	BEIJING	140 915	44 141	0	39 358
天 津	TIANJIN	361 910	15 839	0	359 640
河 北	HEBEI	285 292	41 001	10 074	221 982
山 西	SHANXI	91 484	19 101	0	146 448
内蒙古	INNER MONGOLIA	139 472	10 384	1 857	43 173
辽 宁	LIAONING	252 192	32 629	41 357	282 209
吉 林	JILIN	93 750	16 600	25 347	235 087
黑龙江	HEILONGJIANG	7 145	24 700	59 199	102 286
上 海	SHANGHAI	300 103	36 905	200 399	85 319
江 苏	JIANGSU	1 657 155	63 255	71 535	3 270 871
浙 江	ZHEJIANG	658 496	77 510	356 158	2 347 172
安 徽	ANHUI	234 571	37 946	2 476	238 660
福 建	FUJIAN	262 559	26 401	38 623	193 925
江 西	JIANGXI	161 955	26 740	0	1 203 852
山 东	SHANDONG	1 286 589	64 254	89 031	3 487 688
河 南	HENAN	121 973	72 057	385	300 682
湖 北	HUBEI	193 217	44 076	89 234	396 447
湖 南	HUNAN	129 753	39 245	0	11 125
广 东	GUANGDONG	675 741	99 937	50 091	1 832 890
广 西	GUANGXI	73 911	35 301	81 872	193 951
海 南	HAINAN	6 100	5 575	10 134	5 078
重 庆	CHONGQING	163 499	22 278	21 004	322 623
四 川	SICHUAN	163 707	64 293	3 079	641 822
贵 州	GUIZHOU	39 041	30 916	11 129	75 050
云 南	YUNNAN	33 590	33 847	2 101	107 936
西 藏	TIBET	0	2 297	741	0
陕 西	SHAANXI	72 305	30 507	93 244	922 631
甘 肃	GANSU	131 626	12 379	1 612	228 917
青 海	QINGHAI	199 179	5 431	21 519	137 325
宁 夏	NINGXIA	34 041	5 356	1 062	135 983
新 疆	XINJIANG	1 979 111	20 251	105 418	959 590

各地区危险废物（医疗废物）集中处理厂污染排放情况（一）
Discharge of Hazardous Wastes Treatment Plants Pollution by Region（1）
（2020）

单位：吨 （ton）

年份/地区 Year/Region	渗滤液中污染物排放量 Amount of Pollutants Discharged in the Landfill Leachate				
	化学需氧量 COD	氨氮 Ammonial Nitrogen	总氮 Total Nitrogen	总磷 Total Phosphorus	重金属 Heavy Mental
2016	415	33	...	1	...
2017	563	24	...	2	...
2018	528	26	...	2	...
2019	483	27	...	2	...
2020	605	37	82	3	359
北 京 BEIJING	0	0	0	0	0
天 津 TIANJIN	19	2	4	...	22
河 北 HEBEI	36	3	4	...	13
山 西 SHANXI	0	0	0	0	0
内蒙古 INNER MONGOLIA	...	...	...	0	...
辽 宁 LIAONING	11	3	...	0	0
吉 林 JILIN	3	...	...	...	...
黑龙江 HEILONGJIANG	2	...	...	...	...
上 海 SHANGHAI	68	1	20	...	52
江 苏 JIANGSU	180	7	23	1	57
浙 江 ZHEJIANG	55	2	7	...	5
安 徽 ANHUI	5	1	...	...	4
福 建 FUJIAN	10	1	...	...	18
江 西 JIANGXI	5	1	...	...	20
山 东 SHANDONG	75	5	15	1	36
河 南 HENAN	2	...	1	...	0
湖 北 HUBEI	20	...	...	...	13
湖 南 HUNAN	3	...	...	...	...
广 东 GUANGDONG	39	2	1	...	91
广 西 GUANGXI	5	...	...	...	1
海 南 HAINAN	0	0	0	0	0
重 庆 CHONGQING	15	1	1	...	8
四 川 SICHUAN	18	5	1	...	6
贵 州 GUIZHOU	9	...	1	...	1
云 南 YUNNAN	...	...	0	0	0
西 藏 TIBET	...	...	0	...	0
陕 西 SHAANXI	7	1	...	...	...
甘 肃 GANSU	1	...	...	...	0
青 海 QINGHAI	6	...	0	0	10
宁 夏 NINGXIA	...	...	...	0	...
新 疆 XINJIANG	13	...	5	...	0

各地区危险废物（医疗废物）集中处理厂污染排放情况（二）
Discharge of Hazardous Wastes Treatment Plants Pollution by Region（2）
（2020）

单位：吨 （ton）

年份/地区	Year/Region	废气中污染物排放量 Amount of Pollutants Discharged in the Waste Gas		
		二氧化硫 Sulphur Dioxide	氮氧化物 Nitrogen Oxide	颗粒物 Particulate Matter
	2016	2 998	7 743	2 483
	2017	2 907	8 342	1 506
	2018	5 334	13 264	2 082
	2019	4 951	17 161	2 366
	2020	1 047	4 902	2 637
北 京	BEIJING	3	5	...
天 津	TIANJIN	23	84	10
河 北	HEBEI	145	503	75
山 西	SHANXI	11	209	2
内蒙古	INNER MONGOLIA	8	5	3
辽 宁	LIAONING	21	69	18
吉 林	JILIN	4	31	4
黑龙江	HEILONGJIANG	1	19	5
上 海	SHANGHAI	9	351	6
江 苏	JIANGSU	122	489	99
浙 江	ZHEJIANG	46	248	21
安 徽	ANHUI	18	101	13
福 建	FUJIAN	62	224	56
江 西	JIANGXI	24	91	13
山 东	SHANDONG	49	200	20
河 南	HENAN	13	50	5
湖 北	HUBEI	23	94	11
湖 南	HUNAN	4	24	1
广 东	GUANGDONG	127	635	43
广 西	GUANGXI	207	938	2 129
海 南	HAINAN	36	210	38
重 庆	CHONGQING	24	36	4
四 川	SICHUAN	18	88	13
贵 州	GUIZHOU	13	9	2
云 南	YUNNAN	11	20	14
西 藏	TIBET	...	...	...
陕 西	SHAANXI	5	37	3
甘 肃	GANSU	1	21	1
青 海	QINGHAI	0	0	0
宁 夏	NINGXIA	1	8	...
新 疆	XINJIANG	18	101	25

各地区移动源污染排放情况
Discharge of Motor Vehicle Pollution by Region
（2020）

单位：吨 (ton)

年份/ 地区	Year/ Region	移动源污染物排放总量 Total Amount of Discharge of Motor Vehicle Pollution		
		总颗粒物 Total Particulate	氮氧化物 Nitrogen Oxide	挥发性有机物 Volatile Organic Compounds
	2016	122 757	6 315 965	—
	2017	114 314	6 412 177	—
	2018	99 350	6 445 982	—
	2019	73 693	6 336 318	—
	2020	85 240	5 669 200	2 105 003
北 京	BEIJING	435	68 157	36 856
天 津	TIANJIN	1 069	84 270	25 239
河 北	HEBEI	7 670	437 015	132 070
山 西	SHANXI	2 822	228 058	65 303
内蒙古	INNER MONGOLIA	1 940	149 064	63 326
辽 宁	LIAONING	5 920	329 156	106 746
吉 林	JILIN	1 239	96 969	35 420
黑龙江	HEILONGJIANG	3 461	161 074	87 556
上 海	SHANGHAI	1 291	131 869	25 731
江 苏	JIANGSU	3 347	283 957	111 107
浙 江	ZHEJIANG	3 266	268 153	104 781
安 徽	ANHUI	3 063	284 049	57 221
福 建	FUJIAN	1 375	109 776	49 520
江 西	JIANGXI	1 927	132 593	41 400
山 东	SHANDONG	4 526	318 756	163 140
河 南	HENAN	7 006	434 362	148 019
湖 北	HUBEI	11 254	381 862	133 735
湖 南	HUNAN	2 134	153 424	60 905
广 东	GUANGDONG	4 566	373 555	154 414
广 西	GUANGXI	1 763	130 726	59 677
海 南	HAINAN	572	22 063	9 823
重 庆	CHONGQING	1 080	88 484	33 079
四 川	SICHUAN	3 000	221 240	97 683
贵 州	GUIZHOU	2 221	134 759	44 462
云 南	YUNNAN	1 912	175 174	69 885
西 藏	TIBET	649	47 935	10 246
陕 西	SHAANXI	2 483	121 911	67 083
甘 肃	GANSU	1 357	103 262	33 793
青 海	QINGHAI	276	39 460	14 057
宁 夏	NINGXIA	346	39 729	14 443
新 疆	XINJIANG	1 270	118 341	48 282

10

各工业行业污染排放及治理统计

各工业行业废水排放及治理情况（一）
（2020）

单位：吨

行业名称	工业废水中污染物排放量			
	化学需氧量	氨氮	总氮	总磷
行业汇总	**433 606.1**	**18 860.8**	**86 658.9**	**2 962.0**
农、林、牧、渔专业及辅助性活动	1 072.4	45.3	109.1	40.0
煤炭开采和洗选业	9 938.7	185.1	487.4	6.2
石油和天然气开采业	1 151.6	60.7	115.7	8.8
黑色金属矿采选业	2 544.1	21.0	28.4	0.3
有色金属矿采选业	4 916.3	226.3	569.2	11.7
非金属矿采选业	2 417.9	402.9	505.7	32.1
开采专业及辅助性活动	39.3	1.5	5.1	0.2
其他采矿业	0.3	0.1	0.1	...
农副食品加工业	55 001.3	2 082.3	8 723.8	777.0
食品制造业	25 022.0	1 488.0	5 312.1	244.0
酒、饮料和精制茶制造业	28 122.5	1 032.4	3 887.5	257.1
烟草制品业	520.8	29.1	364.1	4.0
纺织业	60 563.0	1 760.9	11 071.3	265.6
纺织服装、服饰业	3 111.3	125.4	549.6	32.4
皮革、毛皮、羽毛及其制品和制鞋业	4 542.6	263.6	1 414.5	28.2
木材加工和木、竹、藤、棕、草制品业	472.5	9.2	22.8	0.8
家具制造业	268.1	55.8	90.1	1.8
造纸和纸制品业	54 294.4	1 455.4	6 007.5	117.1
印刷和记录媒介复制业	196.6	12.8	51.1	1.1
文教、工美、体育和娱乐用品制造业	390.3	26.0	89.5	1.7
石油、煤炭及其他燃料加工业	13 690.2	554.7	5 015.1	86.5
化学原料和化学制品制造业	56 691.4	4 241.2	18 087.3	334.6
医药制造业	13 166.6	604.0	3 415.6	130.1
化学纤维制造业	20 645.2	480.1	1 314.6	21.0
橡胶和塑料制品业	2 153.1	119.0	591.7	32.5
非金属矿物制品业	2 805.8	120.5	571.4	11.2
黑色金属冶炼和压延加工业	6 972.9	408.0	2 350.4	34.3
有色金属冶炼和压延加工业	3 821.7	506.3	1 140.6	24.4
金属制品业	5 621.7	220.9	1 249.4	67.6
通用设备制造业	2 309.6	82.5	363.8	19.9
专用设备制造业	1 325.1	96.9	243.4	5.8
汽车制造业	6 144.9	111.2	748.8	50.5
铁路、船舶、航空航天和其他运输设备制造业	3 744.2	98.1	376.0	15.2
电气机械和器材制造业	4 088.4	213.0	1 027.9	21.8
计算机、通信和其他电子设备制造业	17 525.4	965.9	5 939.2	141.8
仪器仪表制造业	97.6	4.9	34.2	1.1
其他制造业	755.7	42.4	142.8	6.8
废弃资源综合利用业	471.5	18.6	99.2	3.4
金属制品、机械和设备修理业	728.1	22.5	93.0	2.8
电力、热力生产和供应业	9 243.1	434.5	2 335.5	45.4
燃气生产和供应业	14.0	0.7	4.0	0.1
水的生产和供应业	7 003.6	231.1	2 110.5	75.1

注：分行业废水污染物相关指标统计调查对象为工业重点调查单位，下同。

各工业行业废水排放及治理情况（二）
（2020）

行业名称	工业废水中污染物排放量			
	石油类/吨	挥发酚/千克	氰化物/千克	重金属/千克
行业汇总	**3 734.0**	**59 798.8**	**42 425.1**	**67 490.4**
农、林、牧、渔专业及辅助性活动	...	0.0	0.0	0.0
煤炭开采和洗选业	126.6	19.2	25.1	1 964.5
石油和天然气开采业	28.9	652.1	0.2	0.0
黑色金属矿采选业	38.1	0.0	0.0	531.5
有色金属矿采选业	8.9	0.0	188.5	18 283.2
非金属矿采选业	1.9	0.0	0.0	356.5
开采专业及辅助性活动	0.3	0.0	0.0	0.1
其他采矿业	0.0	0.0	0.0	0.0
农副食品加工业	52.0	27.6	15.8	...
食品制造业	27.6	1 183.6	0.2	0.0
酒、饮料和精制茶制造业	1.9	31.1	3.2	0.2
烟草制品业	0.4	0.0	0.0	0.0
纺织业	17.3	1 497.0	2.7	112.7
纺织服装、服饰业	0.7	2.1	0.3	0.4
皮革、毛皮、羽毛及其制品和制鞋业	7.4	...	0.0	5 931.8
木材加工和木、竹、藤、棕、草制品业	0.1	0.1	0.0	0.0
家具制造业	4.5	0.1	0.1	2.9
造纸和纸制品业	8.2	199.6	...	0.1
印刷和记录媒介复制业	8.2	0.4	0.6	3.2
文教、工美、体育和娱乐用品制造业	2.2	9.5	1.2	60.5
石油、煤炭及其他燃料加工业	320.7	39 176.7	7 545.7	721.6
化学原料和化学制品制造业	183.1	7 838.5	11 795.6	6 109.9
医药制造业	5.5	236.0	70.2	7.7
化学纤维制造业	26.7	...	...	0.0
橡胶和塑料制品业	30.7	78.3	15.9	22.8
非金属矿物制品业	69.6	76.9	116.0	177.0
黑色金属冶炼和压延加工业	130.9	7 605.0	10 458.0	6 124.0
有色金属冶炼和压延加工业	132.4	184.6	91.7	8 133.8
金属制品业	459.2	435.0	9 289.4	12 773.7
通用设备制造业	90.8	2.7	3.5	173.3
专用设备制造业	84.0	69.5	161.7	541.3
汽车制造业	1 188.8	4.6	87.3	458.4
铁路、船舶、航空航天和其他运输设备制造业	529.3	107.5	128.9	930.9
电气机械和器材制造业	21.6	87.8	88.3	2 728.8
计算机、通信和其他电子设备制造业	71.2	75.7	1 973.0	970.4
仪器仪表制造业	1.7	0.0	0.2	22.1
其他制造业	3.8	10.5	3.5	59.4
废弃资源综合利用业	9.5	...	...	58.9
金属制品、机械和设备修理业	12.4	1.0	0.2	1.1
电力、热力生产和供应业	21.2	161.3	179.2	218.4
燃气生产和供应业	...	0.1	1.8	0.0
水的生产和供应业	5.8	24.5	176.9	9.5

各工业行业废气排放及治理情况

（2020）

单位：吨

行业名称	工业废气中污染物排放量			
	二氧化硫	氮氧化物	颗粒物	挥发性有机物
行业汇总	**2 531 511.3**	**4 174 959.2**	**4 009 412.9**	**2 171 280.5**
农、林、牧、渔专业及辅助性活动	3 500.4	2 149.5	951.8	104.1
煤炭开采和洗选业	19 940.5	23 574.4	718 610.4	2 436.7
石油和天然气开采业	11 235.2	14 601.3	3 681.6	59 017.8
黑色金属矿采选业	1 562.2	1 436.6	96 097.0	14.7
有色金属矿采选业	2 632.6	922.4	322 964.0	351.3
非金属矿采选业	5 055.4	3 020.1	56 267.7	633.2
开采专业及辅助性活动	503.1	376.6	1 455.3	305.8
其他采矿业	16.5	54.0	244.0	0.1
农副食品加工业	26 252.0	29 490.5	24 209.6	26 336.1
食品制造业	20 346.9	22 203.3	5 703.3	13 128.8
酒、饮料和精制茶制造业	11 765.0	14 754.7	4 804.0	3 168.8
烟草制品业	358.3	584.7	3 965.6	219.6
纺织业	15 577.3	15 742.3	8 470.9	45 659.4
纺织服装、服饰业	13 627.9	561.0	334.1	1 886.3
皮革、毛皮、羽毛及其制品和制鞋业	809.6	673.0	3 479.0	18 479.8
木材加工和木、竹、藤、棕、草制品业	16 163.0	7 292.6	29 203.5	99 740.6
家具制造业	2 564.8	311.6	5 801.5	30 843.7
造纸和纸制品业	29 006.0	42 567.0	11 862.7	21 623.2
印刷和记录媒介复制业	977.2	550.2	163.6	57 490.5
文教、工美、体育和娱乐用品制造业	195.3	220.3	633.1	8 965.7
石油、煤炭及其他燃料加工业	71 295.9	207 504.3	178 690.8	426 904.1
化学原料和化学制品制造业	160 177.9	171 698.6	172 931.9	529 537.8
医药制造业	10 547.6	9 164.8	3 518.8	132 399.2
化学纤维制造业	6 016.1	8 906.0	3 195.1	21 416.3
橡胶和塑料制品业	17 159.1	7 737.4	9 905.2	134 136.6
非金属矿物制品业	509 322.1	1 139 943.3	1 099 750.9	37 677.4
黑色金属冶炼和压延加工业	415 058.5	929 331.2	486 284.3	62 743.7
有色金属冶炼和压延加工业	334 917.5	250 268.8	126 098.8	9 313.7
金属制品业	6 597.3	10 403.0	38 010.2	78 377.2
通用设备制造业	2 839.2	4 756.5	7 236.4	16 659
专用设备制造业	391.8	1 695.1	5 341.9	12 095.3
汽车制造业	881.1	9 253.8	14 949.0	65 142.2
铁路、船舶、航空航天和其他运输设备制造业	798.6	4 600.4	5 140.6	39 405.2
电气机械和器材制造业	658.9	11 761.1	1 020.6	73 823.8
计算机、通信和其他电子设备制造业	637.4	1 862.4	1 231.2	85 789.3
仪器仪表制造业	8.8	15.0	54.8	1 448.4
其他制造业	413.0	916.5	6 839.0	6 149.1
废弃资源综合利用业	4 272.3	2 995.1	11 652.1	1 709.4
金属制品、机械和设备修理业	132.8	114.1	507.9	4 660.9
电力、热力生产和供应业	805 407.3	1 218 576.4	534 428.2	37 774.3
燃气生产和供应业	1 885.6	2 364.0	3 716.3	3 710.4
水的生产和供应业	3.1	5.4	6.4	0.9

注：分行业废气污染物相关指标统计调查对象为工业重点调查单位，下同。

各工业行业一般工业固体废物产生及利用处置情况
（2020）

单位：万吨

行业名称	一般工业固体废物产生量	一般工业固体废物综合利用量	一般工业固体废物处置量
行业汇总	**367 546**	**203 798**	**91 749**
农、林、牧、渔专业及辅助性活动	28	22	4
煤炭开采和洗选业	48 677	28 748	18 153
石油和天然气开采业	243	75	174
黑色金属矿采选业	53 608	14 740	19 568
有色金属矿采选业	46 447	11 099	11 901
非金属矿采选业	4 883	3 692	907
开采专业及辅助性活动	569	366	213
其他采矿业	73	70	9
农副食品加工业	1 726	1 449	267
食品制造业	983	775	174
酒、饮料和精制茶制造业	960	818	141
烟草制品业	33	18	16
纺织业	503	393	110
纺织服装、服饰业	12	7	4
皮革、毛皮、羽毛及其制品和制鞋业	65	30	34
木材加工和木、竹、藤、棕、草制品业	166	146	21
家具制造业	54	46	8
造纸和纸制品业	2 275	1 527	742
印刷和记录媒介复制业	86	62	24
文教、工美、体育和娱乐用品制造业	9	7	2
石油、煤炭及其他燃料加工业	5 916	2 000	3 734
化学原料和化学制品制造业	37 822	19 719	7 255
医药制造业	339	183	122
化学纤维制造业	326	284	41
橡胶和塑料制品业	164	125	40
非金属矿物制品业	5 512	5 190	908
黑色金属冶炼和压延加工业	56 084	46 851	6 740
有色金属冶炼和压延加工业	18 409	6 039	3 866
金属制品业	830	616	223
通用设备制造业	330	244	88
专用设备制造业	175	109	54
汽车制造业	814	606	212
铁路、船舶、航空航天和其他运输设备制造业	181	128	53
电气机械和器材制造业	518	431	87
计算机、通信和其他电子设备制造业	328	239	90
仪器仪表制造业	5	2	3
其他制造业	22	16	6
废弃资源综合利用业	1 860	1 614	230
金属制品、机械和设备修理业	44	41	3
电力、热力生产和供应业	76 265	55 186	15 488
燃气生产和供应业	111	29	...
水的生产和供应业	90	56	34

各工业行业危险废物产生及利用处置情况
（2020）

单位：吨

行业名称	危险废物产生量	危险废物利用处置量
行业汇总	**72 818 098**	**76 304 819**
农、林、牧、渔专业及辅助性活动	3 416	3 381
煤炭开采和洗选业	19 870	19 675
石油和天然气开采业	2 090 636	2 508 810
黑色金属矿采选业	6 332	4 980
有色金属矿采选业	4 312 638	2 174 364
非金属矿采选业	1 886 121	94 952
开采专业及辅助性活动	20 120	20 198
其他采矿业	2	2
农副食品加工业	10 365	10 161
食品制造业	35 783	40 967
酒、饮料和精制茶制造业	4 350	4 382
烟草制品业	2 823	2 541
纺织业	75 277	78 088
纺织服装、服饰业	4 610	3 090
皮革、毛皮、羽毛及其制品和制鞋业	95 366	97 574
木材加工和木、竹、藤、棕、草制品业	8 393	7 392
家具制造业	33 791	36 451
造纸和纸制品业	76 194	89 432
印刷和记录媒介复制业	41 247	44 771
文教、工美、体育和娱乐用品制造业	14 484	13 517
石油、煤炭及其他燃料加工业	9 351 899	9 366 264
化学原料和化学制品制造业	15 985 702	15 812 629
医药制造业	1 695 639	1 708 598
化学纤维制造业	668 685	669 065
橡胶和塑料制品业	222 635	225 400
非金属矿物制品业	825 915	786 001
黑色金属冶炼和压延加工业	6 620 799	6 782 136
有色金属冶炼和压延加工业	12 223 557	19 140 228
金属制品业	3 405 942	3 411 527
通用设备制造业	370 318	371 637
专用设备制造业	109 732	133 371
汽车制造业	640 701	645 841
铁路、船舶、航空航天和其他运输设备制造业	155 443	158 050
电气机械和器材制造业	627 249	633 542
计算机、通信和其他电子设备制造业	3 694 585	3 695 618
仪器仪表制造业	7 673	7 779
其他制造业	29 419	28 725
废弃资源综合利用业	751 630	777 835
金属制品、机械和设备修理业	138 798	141 572
电力、热力生产和供应业	6 496 702	6 506 497
燃气生产和供应业	44 689	41 799
水的生产和供应业	8 571	5 977

各工业行业污染治理情况（一）
（2020）

行业名称	废水治理设施数量/套	废水治理设施治理能力/（万吨/日）	废水治理设施运行费用/万元
行业汇总	**68 150**	**16 281.5**	**8 372 425.4**
农、林、牧、渔专业及辅助性活动	180	11.6	3 021.1
煤炭开采和洗选业	2 171	1 150.5	240 257.8
石油和天然气开采业	338	368.8	175 576.9
黑色金属矿采选业	285	326.5	28 797.6
有色金属矿采选业	671	491.9	115 614.6
非金属矿采选业	232	103.7	18 468.4
开采专业及辅助性活动	18	4.7	829.2
其他采矿业	3	0.2	35.0
农副食品加工业	9 132	680.4	346 526.3
食品制造业	3 564	332.4	220 947.4
酒、饮料和精制茶制造业	2 465	302.6	147 702.9
烟草制品业	109	12.2	12 714.0
纺织业	4 376	1 259.2	807 158.6
纺织服装、服饰业	594	67.2	27 016.8
皮革、毛皮、羽毛及其制品和制鞋业	1 154	147.4	91 410.7
木材加工和木、竹、藤、棕、草制品业	299	11.1	6 247.2
家具制造业	465	8.6	5 771.3
造纸和纸制品业	1 949	1 312.1	508 812.3
印刷和记录媒介复制业	536	6.5	7 763.0
文教、工美、体育和娱乐用品制造业	489	7.1	8 217.4
石油、煤炭及其他燃料加工业	800	429.3	687 803.9
化学原料和化学制品制造业	7 081	987.8	1 569 371.9
医药制造业	3 864	216.3	473 483.1
化学纤维制造业	438	173.8	115 635.4
橡胶和塑料制品业	1 103	44.8	43 818.6
非金属矿物制品业	1 948	259.2	64 910.9
黑色金属冶炼和压延加工业	1 316	4 195.7	754 906.4
有色金属冶炼和压延加工业	1 586	209.5	223 718.2
金属制品业	6 796	390.8	387 866.6
通用设备制造业	1 519	34.3	42 188.1
专用设备制造业	904	28.4	23 953.6
汽车制造业	2 558	105.8	136 272.3
铁路、船舶、航空航天和其他运输设备制造业	774	36.8	29 483.4
电气机械和器材制造业	1 579	94.5	131 086.7
计算机、通信和其他电子设备制造业	3 579	533.7	629 158.6
仪器仪表制造业	155	2.9	2 785.7
其他制造业	421	14.3	15 541.4
废弃资源综合利用业	505	27.1	23 566.5
金属制品、机械和设备修理业	225	5.3	4 994.3
电力、热力生产和供应业	1 632	1 051.1	202 839.8
燃气生产和供应业	14	2.3	5 367.2
水的生产和供应业	323	833.1	30 784.4

各工业行业污染治理情况（二）
（2020）

行业名称	废气治理设施数量/套	脱硫设施	脱硝设施	除尘设施	VOCs治理设施	废气治理设施运行费用/万元
行业汇总	372 962	37 026	22 663	174 806	96 585	25 604 198.0
农、林、牧、渔专业及辅助性活动	596	162	23	361	20	6 850.2
煤炭开采和洗选业	3 597	650	451	2 267	4	98 115.6
石油和天然气开采业	214	54	62	50	5	15 498.8
黑色金属矿采选业	1 014	52	18	916	6	40 931.8
有色金属矿采选业	1 375	95	19	1 220	3	30 442.0
非金属矿采选业	1 912	105	33	1 688	1	39 920.8
开采专业及辅助性活动	44	3	4	26	6	4 009.3
其他采矿业	28	7	0	19	0	1 229.2
农副食品加工业	9 245	967	1 064	5 426	295	180 492.6
食品制造业	3 851	433	613	1 602	253	129 317.7
酒、饮料和精制茶制造业	2 316	298	367	1 174	139	50 656.0
烟草制品业	463	13	17	360	14	13 916.0
纺织业	9 411	476	465	2 338	3 981	303 172.0
纺织服装、服饰业	522	58	65	202	103	8 531.8
皮革、毛皮、羽毛及其制品和制鞋业	4 679	106	141	850	3 211	41 732.8
木材加工和木、竹、藤、棕、草制品业	7 167	149	206	4 203	2 402	106 842.6
家具制造业	13 848	39	20	5 625	7 783	108 323.1
造纸和纸制品业	4 283	745	590	1 464	1 176	300 711.9
印刷和记录媒介复制业	5 639	42	40	185	5 085	98 439.6
文教、工美、体育和娱乐用品制造业	3 038	45	18	887	1 775	25 734.3
石油、煤炭及其他燃料加工业	5 348	1 147	948	2 101	868	1 845 583.1
化学原料和化学制品制造业	33 832	2 981	2 083	12 828	11 450	1 796 897.6
医药制造业	8 548	296	404	2 840	3 570	224 404.9
化学纤维制造业	1 931	158	160	290	1 064	130 450.7
橡胶和塑料制品业	22 092	368	263	4 375	14 898	355 873.8
非金属矿物制品业	78 957	13 900	4 802	56 264	2 128	2 768 827.1
黑色金属冶炼和压延加工业	14 597	1 399	835	11 013	257	5 942 221.8
有色金属冶炼和压延加工业	8 878	1 524	443	5 201	705	1 062 184.6
金属制品业	37 595	1 592	841	17 012	8 413	475 797.5
通用设备制造业	9 647	117	127	4 658	3 732	115 925.8
专用设备制造业	6 268	87	136	2 904	2 533	90 618.7
汽车制造业	14 107	128	264	6 171	6 009	457 401.1
铁路、船舶、航空航天和其他运输设备制造	4 286	60	57	1 873	1 871	159 812.9
电气机械和器材制造业	10 290	249	157	3 224	4 889	174 671.8
计算机、通信和其他电子设备制造业	14 550	816	125	2 618	5 680	418 543.8
仪器仪表制造业	515	4	5	138	272	198 865.5
其他制造业	1 692	49	31	597	785	17 773.9
废弃资源综合利用业	3 079	209	52	1 757	747	78 025.5
金属制品、机械和设备修理业	717	12	9	220	388	7 731.7
电力、热力生产和供应业	22 681	7 419	6 679	7 821	53	7 664 673.6
燃气生产和供应业	102	11	26	36	10	13 025.2
水的生产和供应业	8	1	0	2	1	19.5

各地区电力、热力生产和供应业废水排放及治理情况（一）
（2020）

单位：吨

地　区	工业废水中污染物排放量			
	化学需氧量	氨氮	总氮	总磷
全　国	9 243	434	2 335	45
北　京	228	4	134	1
天　津	207	5	77	2
河　北	498	23	113	3
山　西	126	8	9	...
内蒙古	357	25	77	1
辽　宁	346	18	55	2
吉　林	68	3	24	...
黑龙江	170	6	28	1
上　海	266	8	83	1
江　苏	872	57	265	6
浙　江	573	14	107	1
安　徽	503	18	35	...
福　建	428	3	12	...
江　西	70	2	12	1
山　东	2 460	101	595	13
河　南	876	56	325	5
湖　北	174	14	29	1
湖　南	126	12	13	...
广　东	168	9	22	1
广　西	31	4	6	...
海　南	4	...	1	...
重　庆	51	3	7	...
四　川	199	10	145	2
贵　州	13	1	1	0
云　南	9	...	1	...
西　藏	38	0	0	0
陕　西	58	9	108	0
甘　肃	48	3	6	...
青　海	92	13	13	0
宁　夏	44	2	18	4
新　疆	138	3	14	1

各地区电力、热力生产和供应业废水排放及治理情况（二）
（2020）

地 区	废水治理 设施数量/套	废水治理设施治理能力/ （万吨/日）	废水治理设施运行费用/ 万元
全 国	**1 632**	**1 051.1**	**202 839.8**
北 京	12	3.7	986.4
天 津	31	4.2	2 214.4
河 北	72	7.1	7 088.4
山 西	18	2.7	1 692.9
内蒙古	162	57.1	9 348.6
辽 宁	60	14.2	6 343.5
吉 林	20	1.9	1 223.5
黑龙江	44	10.5	8 679.1
上 海	47	7.7	8 489.3
江 苏	118	15.5	21 993.6
浙 江	188	27.1	20 099.9
安 徽	45	10.4	4 088.5
福 建	39	718.1	9 881.4
江 西	34	4.8	2 674.6
山 东	213	44.4	35 426.7
河 南	138	31.6	15 751.2
湖 北	39	8.7	4 968.4
湖 南	53	10.9	3 097.0
广 东	83	13.8	13 545.9
广 西	2	0.2	57.8
海 南	9	0.6	795.4
重 庆	28	4.6	7 880.5
四 川	24	14.1	7 094.7
贵 州	9	1.7	154.9
云 南	5	...	71.7
西 藏	1	2.4	60.0
陕 西	22	3.9	3 387.2
甘 肃	20	14.0	2 054.9
青 海	6	0.4	45.8
宁 夏	17	8.9	1 319.3
新 疆	73	5.9	2 324.1

各地区电力、热力生产和供应业废气排放及治理情况（一）
（2020）

单位：吨

地 区	工业废气中污染物排放量			
	二氧化硫	氮氧化物	颗粒物	挥发性有机物
全 国	805 407	1 218 576	534 428	37 774
北 京	585	7 099	1 331	940
天 津	3 514	12 343	765	768
河 北	25 600	42 000	4 663	1 603
山 西	42 454	61 884	78 761	1 870
内 蒙 古	99 656	140 547	66 924	2 994
辽 宁	64 588	71 610	13 239	3 026
吉 林	30 397	48 295	115 285	636
黑 龙 江	63 007	69 810	50 650	3 988
上 海	2 150	9 114	404	248
江 苏	47 620	78 889	11 079	2 099
浙 江	20 585	47 105	3 694	1 516
安 徽	19 726	39 451	4 489	1 042
福 建	11 589	29 992	6 329	692
江 西	8 870	18 072	1 922	474
山 东	48 994	101 748	8 137	4 310
河 南	18 374	38 076	3 208	1 166
湖 北	8 391	20 402	9 279	1 532
湖 南	7 741	16 757	1 404	749
广 东	22 637	59 722	6 977	1 660
广 西	14 535	20 439	3 177	339
海 南	1 604	3 439	245	65
重 庆	7 506	13 399	3 417	422
四 川	17 874	16 901	6 496	343
贵 州	103 204	59 471	60 786	732
云 南	13 107	25 561	2 887	226
西 藏	3 972	474	1 223	2
陕 西	20 176	37 259	8 063	1 146
甘 肃	13 927	31 897	7 114	661
青 海	3 377	4 165	1 945	92
宁 夏	21 472	29 953	13 328	823
新 疆	38 175	62 703	37 205	1 611

各地区电力、热力生产和供应业废气排放及治理情况（二）
（2020）

地 区	废气治理设施数量/套	脱硫设施	脱硝设施	除尘设施	VOCs治理设施	废气治理设施运行费用/万元
全 国	**22 681**	**7 419**	**6 679**	**7 821**	**53**	**7 664 673.6**
北 京	526	31	423	21	0	43 385.3
天 津	416	89	176	87	1	95 861.2
河 北	1 356	431	431	431	8	475 778.7
山 西	972	307	333	305	0	400 539.3
内蒙古	1 929	712	360	844	1	460 946.5
辽 宁	2 657	888	698	1 054	1	267 820.5
吉 林	1 242	524	144	564	0	102 215.8
黑龙江	1 769	524	408	824	1	150 089.1
上 海	190	39	69	52	13	136 784.0
江 苏	1 034	365	342	287	0	752 321.1
浙 江	864	328	234	239	3	599 389.2
安 徽	495	169	159	153	2	348 345.4
福 建	292	108	80	89	0	176 038.5
江 西	212	72	56	75	0	164 228.1
山 东	3 405	1 064	1 166	1 127	6	950 090.0
河 南	528	180	160	159	3	404 299.4
湖 北	255	83	72	88	1	224 086.2
湖 南	178	52	58	59	0	132 451.2
广 东	573	168	193	147	2	447 810.3
广 西	138	37	52	45	0	77 460.6
海 南	73	18	26	22	0	50 230.6
重 庆	99	33	27	30	5	91 808.2
四 川	254	91	79	67	4	90 793.5
贵 州	154	70	38	38	0	228 060.0
云 南	87	36	22	27	0	70 264.2
西 藏	14	4	2	8	0	1 813.6
陕 西	540	165	179	140	0	172 527.7
甘 肃	931	312	303	308	1	144 302.9
青 海	98	34	17	47	0	9 712.1
宁 夏	257	86	80	85	1	204 282.8
新 疆	1 143	399	292	399	0	190 937.7

各地区水泥行业废水排放及治理情况（一）
（2020）

单位：吨

地　区	工业废水中污染物排放量			
	化学需氧量	氨氮	总氮	总磷
全　国	**101**	**3**	**7**	**1**
北　京	0	0	0	0
天　津	…	0	…	0
河　北	0	0	0	0
山　西	…	0	0	0
内蒙古	7	0	0	0
辽　宁	…	0	0	0
吉　林	1	…	…	…
黑龙江	…	0	0	0
上　海	0	0	0	0
江　苏	24	1	3	…
浙　江	8	…	…	…
安　徽	1	…	…	0
福　建	…	0	0	0
江　西	13	1	1	…
山　东	…	0	0	0
河　南	1	…	…	…
湖　北	7	…	1	…
湖　南	3	…	…	…
广　东	1	…	…	…
广　西	…	0	0	0
海　南	1	0	0	0
重　庆	3	…	…	…
四　川	23	…	1	…
贵　州	…	0	0	0
云　南	…	0	0	0
西　藏	0	0	0	0
陕　西	1	…	1	…
甘　肃	2	0	0	0
青　海	…	…	…	…
宁　夏	0	0	0	0
新　疆	5	…	…	…

各地区水泥行业废水排放及治理情况（二）
（2020）

地 区	废水治理设施数量/套	废水治理设施治理能力/（万吨/日）	废水治理设施运行费用/万元
全 国	212	15.3	5 610.6
北 京	0	0.0	0.0
天 津	1	…	2.0
河 北	3	…	16.2
山 西	11	0.3	42.5
内蒙古	6	0.1	46.3
辽 宁	3	…	9.0
吉 林	1	…	30.0
黑龙江	4	…	8.3
上 海	0	0.0	0.0
江 苏	7	0.5	196.0
浙 江	8	0.9	238.5
安 徽	4	1.2	6.7
福 建	9	0.7	111.4
江 西	20	0.4	115.9
山 东	5	0.1	93.3
河 南	7	0.1	16.8
湖 北	14	0.5	1 128.5
湖 南	34	2.8	885.8
广 东	5	0.1	50.7
广 西	5	0.2	32.5
海 南	2	…	4.6
重 庆	9	2.2	705.9
四 川	3	0.5	1 057.0
贵 州	5	0.1	84.3
云 南	25	4.1	271.5
西 藏	1	…	8.3
陕 西	6	0.1	60.2
甘 肃	1	…	50.0
青 海	0	0.0	0.0
宁 夏	0	0.0	0.0
新 疆	13	0.2	338.5

各地区水泥行业废气排放及治理情况（一）
（2020）

单位：吨

地 区	工业废气中污染物排放量			
	二氧化硫	氮氧化物	颗粒物	挥发性有机物
全 国	135 635	721 838	837 526	15 572
北 京	22	796	1 395	0
天 津	63	321	1 392	4
河 北	6 273	26 321	34 930	377
山 西	4 473	19 647	52 989	272
内蒙古	2 600	20 263	19 445	386
辽 宁	4 772	22 331	21 233	530
吉 林	2 506	10 054	8 569	140
黑龙江	1 465	7 935	12 521	55
上 海	0	0	24	0
江 苏	3 567	11 079	41 152	265
浙 江	5 146	27 197	31 705	280
安 徽	9 464	51 251	37 782	825
福 建	3 726	27 015	35 973	262
江 西	7 219	39 650	28 375	575
山 东	4 579	21 954	36 502	670
河 南	3 323	14 367	17 444	745
湖 北	3 336	28 534	44 300	559
湖 南	5 396	38 144	50 267	727
广 东	12 203	61 094	48 423	734
广 西	3 432	47 444	25 730	768
海 南	1 550	7 784	5 390	73
重 庆	6 380	24 814	27 522	2 091
四 川	8 596	37 073	34 685	2 134
贵 州	9 059	45 840	41 810	689
云 南	10 347	52 300	95 962	1 050
西 藏	1 030	5 039	3 334	44
陕 西	3 981	23 075	18 718	585
甘 肃	3 784	18 452	16 559	270
青 海	2 022	6 694	4 539	88
宁 夏	2 178	8 950	20 304	93
新 疆	3 143	16 418	18 553	281

各地区水泥行业废气排放及治理情况（二）

（2020）

地　区	废气治理设施数量/套	脱硫设施	脱硝设施	除尘设施	VOCs 治理设施	废气治理设施运行费用/万元
全　国	**24 454**	**341**	**1 261**	**22 791**	**1**	**1 115 499.1**
北　京	169	0	4	165	0	3 816.4
天　津	166	1	2	163	0	3 207.8
河　北	2 282	18	69	2 191	0	86 660.4
山　西	1 730	16	48	1 665	0	40 304.7
内蒙古	1 545	4	39	1 502	0	27 794.7
辽　宁	782	8	37	736	0	22 190.6
吉　林	274	1	16	256	0	8 876.7
黑龙江	696	1	15	680	0	9 372.2
上　海	105	0	0	105	0	478.6
江　苏	1 071	7	37	1 027	0	44 671.0
浙　江	910	16	38	850	0	47 499.7
安　徽	962	44	71	845	0	91 506.4
福　建	639	5	31	603	0	28 922.6
江　西	791	14	52	721	0	50 261.8
山　东	3 609	16	93	3 498	0	86 278.9
河　南	1 165	33	72	1 059	0	74 551.9
湖　北	724	12	40	671	1	42 407.5
湖　南	546	27	54	463	0	46 397.4
广　东	1 294	28	60	1 192	0	70 125.5
广　西	420	3	59	348	0	36 560.8
海　南	139	9	9	121	0	8 745.6
重　庆	367	16	32	318	0	32 902.4
四　川	589	26	78	482	0	70 884.3
贵　州	330	15	72	240	0	39 295.7
云　南	1 056	2	82	970	0	56 119.3
西　藏	138	6	9	123	0	6 159.2
陕　西	643	8	31	604	0	26 875.8
甘　肃	258	2	32	224	0	15 701.2
青　海	273	0	12	261	0	8 614.4
宁　夏	409	0	20	386	0	8 214.5
新　疆	372	3	47	322	0	20 101.4

各地区黑色金属冶炼和压延加工业废水排放及治理情况（一）
（2020）

单位：吨

地　区	工业废水中污染物排放量			
	化学需氧量	氨氮	总氮	总磷
全　国	**6 973**	**408**	**2 350**	**34**
北　京	7	…	5	0
天　津	31	…	10	…
河　北	465	12	108	1
山　西	313	14	200	4
内蒙古	326	20	139	0
辽　宁	171	7	30	…
吉　林	331	43	47	4
黑龙江	48	1	2	0
上　海	177	4	49	1
江　苏	737	41	289	3
浙　江	198	5	28	…
安　徽	607	30	59	…
福　建	186	8	63	2
江　西	311	24	129	3
山　东	143	3	17	…
河　南	180	2	12	…
湖　北	638	47	246	3
湖　南	438	29	195	…
广　东	472	35	191	5
广　西	236	18	86	…
海　南	0	0	0	0
重　庆	172	10	17	2
四　川	45	…	3	…
贵　州	254	33	255	3
云　南	…	…	…	0
西　藏	0	0	0	0
陕　西	1	…	…	0
甘　肃	484	22	168	1
青　海	1	…	1	…
宁　夏	1	…	1	…
新　疆	1	…	…	0

各地区黑色金属冶炼和压延加工业废水排放及治理情况（二）
（2020）

地 区	废水治理设施数量/套	废水治理设施治理能力/ （万吨/日）	废水治理设施运行费用/ 万元
全 国	1 316	4 195.7	754 906.4
北 京	1	0.4	3 200.0
天 津	19	1.3	1 823.5
河 北	115	417.4	84 909.2
山 西	35	104.2	19 551.8
内蒙古	21	145.9	10 516.6
辽 宁	66	330.8	34 679.8
吉 林	17	42.2	9 464.3
黑龙江	19	49.8	5 786.6
上 海	19	16.4	4 864.4
江 苏	144	265.6	205 318.3
浙 江	152	95.4	33 055.1
安 徽	86	397.9	72 757.3
福 建	83	272.4	23 937.5
江 西	75	267.1	42 190.4
山 东	70	56.7	21 701.1
河 南	43	248.9	31 423.8
湖 北	40	253.8	32 978.4
湖 南	24	381.7	20 880.5
广 东	87	22.4	15 550.2
广 西	17	262.5	32 067.1
海 南	0	0.0	0.0
重 庆	22	22.6	3 688.5
四 川	82	147.2	23 870.0
贵 州	14	251.9	6 284.2
云 南	42	113.8	7 725.2
西 藏	0	0.0	0.0
陕 西	4	0.1	69.2
甘 肃	4	17.6	5 173.5
青 海	1	2.0	273.9
宁 夏	1	...	100.0
新 疆	13	7.5	1 066.0

各地区黑色金属冶炼和压延加工业废气排放及治理情况（一）
（2020）

地　区	工业废气中污染物排放量			
	二氧化硫	氮氧化物	颗粒物	挥发性有机物
全　国	**415 058**	**929 331**	**486 284**	**62 744**
北　京	36	95	9	5
天　津	3 890	9 761	4 045	1 241
河　北	61 694	192 170	63 928	13 135
山　西	25 326	47 346	25 140	5 569
内蒙古	26 474	58 925	36 132	27
辽　宁	32 505	72 281	31 460	1 365
吉　林	5 551	19 807	9 793	77
黑龙江	2 355	5 465	2 842	65
上　海	2 447	8 922	5 427	820
江　苏	34 399	60 606	69 662	4 696
浙　江	3 691	9 523	3 781	1 271
安　徽	13 506	38 334	12 587	643
福　建	8 715	29 602	7 103	2 701
江　西	16 866	30 348	7 970	2 554
山　东	24 272	61 943	27 013	9 223
河　南	6 168	16 665	7 224	535
湖　北	14 549	26 813	10 228	1 406
湖　南	10 015	24 321	14 442	2 907
广　东	9 988	23 173	10 691	3 122
广　西	11 894	38 892	11 592	6 776
海　南	0	0	0	0
重　庆	4 890	8 149	4 538	330
四　川	33 462	42 070	29 231	644
贵　州	2 685	11 980	8 165	798
云　南	21 432	31 982	8 895	292
西　藏	0	0	0	0
陕　西	6 455	11 415	13 374	244
甘　肃	8 502	13 430	15 953	1 495
青　海	5 712	6 460	18 194	54
宁　夏	9 048	15 807	5 738	57
新　疆	8 529	13 046	21 128	689

各地区黑色金属冶炼和压延加工业废气排放及治理情况（二）
（2020）

地　区	废气治理设施数量/套	脱硫设施	脱硝设施	除尘设施	VOCs 治理设施	废气治理设施运行费用/万元
全　国	**14 597**	**1 399**	**835**	**11 013**	**257**	**5 942 221.8**
北　京	9	0	2	6	1	211.5
天　津	365	23	13	272	17	126 307.0
河　北	2 896	304	283	2 166	22	1 478 802.8
山　西	1 157	173	82	850	11	428 848.9
内蒙古	670	43	3	619	0	147 162.7
辽　宁	895	107	11	713	3	349 431.9
吉　林	70	14	1	52	0	45 888.6
黑龙江	77	4	0	70	0	10 781.5
上　海	374	13	17	264	22	95 246.9
江　苏	1 257	107	59	806	48	734 832.8
浙　江	382	33	11	229	18	123 449.7
安　徽	560	63	16	409	7	227 242.6
福　建	396	43	14	298	2	74 705.8
江　西	309	26	2	261	2	169 423.9
山　东	1 491	139	209	1 019	45	674 683.0
河　南	561	43	32	464	8	218 515.7
湖　北	275	18	8	232	2	192 081.1
湖　南	125	24	1	93	1	65 811.8
广　东	443	38	31	305	11	120 210.1
广　西	282	23	9	222	1	141 542.4
海　南	0	0	0	0	0	0.0
重　庆	85	6	0	53	3	16 989.0
四　川	440	39	5	364	7	192 325.3
贵　州	96	3	1	88	0	33 165.3
云　南	287	33	0	245	0	58 216.3
西　藏	0	0	0	0	0	0.0
陕　西	156	16	3	116	20	62 566.8
甘　肃	270	16	7	222	0	46 438.4
青　海	132	3	0	127	2	21 725.3
宁　夏	182	13	4	163	0	54 173.0
新　疆	355	32	11	285	4	31 442.0

11

重点城市/区域废气污染
排放及治理统计

重点城市/区域工业废气排放及治理情况（一）
（2020）

单位：吨

区 域	城 市	工业废气中污染物排放量			
		二氧化硫	氮氧化物	颗粒物	挥发性有机物
总 计		1 264 666	2 424 401	1 727 375	1 531 676
京津冀及周边地区（54个城市）	北 京	988	9 751	4 376	13 213
	天 津	9 756	29 167	10 053	25 825
	石家庄	7 886	29 232	23 647	11 543
	唐 山	41 856	125 050	61 528	24 838
	秦皇岛	5 604	16 995	8 202	4 556
	邯 郸	18 147	46 477	21 339	4 945
	邢 台	3 531	8 592	4 157	1 634
	保 定	6 477	8 138	5 221	4 180
	张家口	8 749	17 110	5 007	798
	承 德	14 279	22 854	23 332	1 663
	沧 州	6 568	12 249	6 141	14 888
	廊 坊	4 497	6 021	6 855	2 813
	衡 水	1 661	1 647	1 282	3 365
	太 原	8 481	19 936	19 493	5 165
	大 同	12 716	13 336	11 598	1 813
	朔 州	6 740	9 203	96 199	628
	忻 州	17 485	141 693	70 187	2 065
	阳 泉	3 842	6 015	4 594	4 199
	长 治	7 809	21 959	8 241	4 220
	晋 城	4 676	11 787	11 448	6 459
	济 南	11 356	25 382	13 414	14 792
	青 岛	3 317	9 453	5 858	10 541
	淄 博	9 374	19 036	5 785	22 916
	枣 庄	3 078	9 073	6 152	5 106
	东 营	10 180	19 187	3 470	23 127
	潍 坊	10 949	25 865	10 280	35 023
	济 宁	6 467	13 724	5 485	9 190
	泰 安	8 518	13 839	6 821	8 281
	日 照	9 684	29 563	13 259	10 412
	临 沂	14 490	32 604	14 298	21 763
	德 州	8 976	12 466	10 580	29 404
	聊 城	7 357	15 230	5 567	13 789
	滨 州	18 081	27 166	7 847	34 442
	菏 泽	9 897	13 251	6 053	23 246
	郑 州	5 465	12 329	7 690	4 621
	开 封	1 291	1 974	394	1 077
	平顶山	5 129	6 470	11 473	2 064
	安 阳	7 417	15 871	7 955	1 586
	鹤 壁	1 693	2 927	940	936
	新 乡	3 447	6 664	3 244	1 613
	焦 作	3 634	6 552	2 865	1 272
	濮 阳	1 315	2 545	677	2 402
	许 昌	3 566	5 256	3 636	703

重点城市/区域工业废气排放及治理情况（一）（续表）（2020）

单位：吨

区　域	城　市	工业废气中污染物排放量			
		二氧化硫	氮氧化物	颗粒物	挥发性有机物
京津冀及周边地区（54个城市）	漯　河	558	908	171	269
	南　阳	2 860	6 909	3 635	597
	商　丘	4 153	3 803	2 136	453
	信　阳	2 395	4 394	1 655	595
	周　口	2 134	2 378	450	310
	驻马店	1 005	2 183	1 476	493
	呼和浩特	16 438	17 592	6 423	7 071
	包　头	42 127	46 688	33 774	2 101
	朝　阳	8 864	17 298	25 879	1 234
	锦　州	8 536	8 213	7 684	2 722
	葫芦岛	3 675	7 257	2 394	1 395
	合　计	**449 177**	**1 001 263**	**642 319**	**434 358**
长三角地区（41个城市）	上　海	5 200	23 396	7 899	31 199
	南　京	9 685	23 684	21 820	17 625
	无　锡	13 297	22 637	16 099	16 112
	徐　州	7 958	15 002	7 978	5 765
	常　州	8 864	16 989	17 563	13 089
	苏　州	25 977	46 702	18 992	29 652
	南　通	4 908	8 453	5 988	28 873
	连云港	11 841	6 851	17 894	2 519
	淮　安	2 397	5 574	6 073	3 786
	盐　城	5 122	13 089	5 158	4 377
	扬　州	4 031	12 107	8 426	10 746
	镇　江	5 711	10 347	3 054	7 191
	泰　州	2 618	5 258	1 983	50 667
	宿　迁	5 915	3 830	8 779	2 982
	杭　州	3 973	16 056	10 411	14 416
	宁　波	8 312	21 478	13 476	31 928
	温　州	4 544	7 050	2 146	13 318
	绍　兴	4 352	10 341	3 072	9 716
	湖　州	5 575	11 828	8 618	14 003
	嘉　兴	5 232	12 551	7 414	30 196
	金　华	5 140	10 320	11 459	12 467
	衢　州	5 863	15 430	7 486	3 230
	台　州	3 815	6 634	9 047	40 246
	丽　水	956	1 842	2 383	5 761
	舟　山	1 733	2 818	1 526	8 838
	合　肥	4 742	11 628	4 519	7 559
	芜　湖	8 412	27 071	13 966	5 995
	蚌　埠	2 841	5 092	1 042	2 986
	淮　南	11 734	10 781	2 708	565
	马鞍山	12 385	31 727	10 835	15 345
	淮　北	5 583	7 560	4 909	435
	铜　陵	3 039	12 398	7 799	3 929

117

单位：吨

区 域	城 市	工业废气中污染物排放量			
		二氧化硫	氮氧化物	颗粒物	挥发性有机物
长三角地区 （41个城市）	安 庆	3 065	7 527	2 941	2 981
	黄 山	639	452	1 415	3 853
	阜 阳	12 882	7 854	4 813	2 159
	宿 州	3 254	6 713	5 963	969
	滁 州	7 923	12 574	5 031	3 367
	六 安	3 213	5 635	3 621	529
	宣 城	13 096	8 156	6 596	2 257
	池 州	9 504	14 246	10 937	3 251
	亳 州	2 360	2 410	1 227	2 531
	合 计	267 690	502 093	313 063	467 410
汾渭平原 （11个城市）	吕 梁	20 801	25 683	55 216	12 240
	晋 中	7 278	15 208	24 168	8 271
	临 汾	14 119	14 757	31 714	6 428
	运 城	18 547	40 746	20 128	25 191
	洛 阳	5 596	11 144	7 973	2 992
	三门峡	2 855	5 488	1 010	568
	西 安	1 506	2 917	1 797	4 210
	咸 阳	3 401	9 152	8 482	4 506
	宝 鸡	2 571	8 727	7 776	2 646
	铜 川	4 238	8 686	4 419	201
	渭 南	3 010	6 662	97 258	4 175
	合 计	83 921	149 170	259 941	71 427
成渝地区 （16个城市）	重 庆	46 992	71 189	59 050	39 604
	成 都	4 026	14 206	8 321	24 764
	自 贡	5 040	2 217	1 667	465
	泸 州	5 618	5 746	4 814	3 669
	德 阳	8 717	4 352	9 807	1 583
	绵 阳	3 076	8 065	4 020	5 793
	遂 宁	1 582	1 905	1 488	832
	内 江	8 608	16 580	3 453	3 486
	乐 山	17 840	28 921	30 976	5 035
	眉 山	10 734	4 964	2 699	1 235
	宜 宾	9 110	11 035	10 111	3 423
	雅 安	2 038	2 141	3 450	278
	资 阳	424	680	1 048	309
	南 充	1 283	1 693	1 592	1 790
	广 安	2 098	5 624	6 691	489
	达 州	12 191	16 094	10 797	3 148
	合 计	139 377	195 412	159 984	95 903
长江中游 城市群 （22个城市）	武 汉	9 600	22 464	6 357	16 638
	咸 宁	2 382	5 711	2 675	1 892
	孝 感	4 419	5 283	1 783	5 033
	黄 冈	1 242	5 829	2 800	4 318
	黄 石	9 302	14 414	7 310	3 394

重点城市/区域工业废气排放及治理情况（一）（续表）（2020）

单位：吨

区 域	城 市	工业废气中污染物排放量			
		二氧化硫	氮氧化物	颗粒物	挥发性有机物
长江中游城市群（22个城市）	鄂 州	3 477	9 342	19 207	1 895
	襄 阳	3 965	7 354	4 910	7 133
	宜 昌	9 020	14 511	7 820	2 782
	荆 门	4 288	8 216	3 759	31 698
	荆 州	3 436	4 496	28 771	9 305
	随 州	664	391	925	605
	南 昌	5 081	8 027	3 264	2 551
	萍 乡	7 061	13 198	7 368	289
	新 余	11 896	18 973	6 677	2 500
	宜 春	14 799	34 936	13 458	5 926
	九 江	6 114	21 472	15 383	20 357
	长 沙	1 845	4 971	4 021	24 751
	株 洲	5 659	9 318	4 508	3 808
	湘 潭	8 591	16 354	6 832	5 892
	岳 阳	3 747	7 067	8 678	5 028
	常 德	3 981	8 774	12 599	1 461
	益 阳	1 712	5 287	5 146	385
	合 计	**122 282**	**246 390**	**174 250**	**157 642**
珠三角地区（9个城市）	广 州	2 005	10 605	6 077	25 415
	深 圳	777	4 104	1 856	16 850
	珠 海	2 434	5 425	2 779	12 742
	佛 山	3 511	13 588	4 747	19 105
	江 门	3 319	10 037	3 729	16 678
	肇 庆	3 798	18 634	9 499	7 522
	惠 州	7 589	20 779	8 045	22 189
	东 莞	6 031	14 615	5 780	28 082
	中 山	17 804	8 111	1 978	31 416
	合 计	**47 267**	**105 898**	**44 488**	**179 998**
其他省会城市和计划单列市（15个城市）	沈 阳	9 671	15 885	4 178	20 698
	大 连	10 246	25 416	10 891	28 749
	长 春	16 566	26 811	15 464	7 997
	哈尔滨	9 500	21 970	6 162	2 735
	福 州	13 237	34 460	18 876	12 338
	厦 门	427	2 176	3 643	4 727
	南 宁	6 426	13 843	9 548	1 753
	海 口	475	130	66	498
	贵 阳	13 340	12 015	5 169	1 435
	昆 明	16 790	15 131	19 313	21 553
	拉 萨	4 084	2 604	1 932	47
	兰 州	12 714	15 919	6 732	7 344
	西 宁	24 094	11 807	7 008	1 492
	银 川	9 286	14 133	6 244	4 067
	乌鲁木齐	8 095	11 877	18 104	9 504
	合 计	**154 951**	**224 176**	**133 330**	**124 936**

重点城市/区域工业废气排放及治理情况（二）
（2020）

区 域	城 市	废气治理设施数量/套	脱硫设施	脱硝设施	除尘设施	VOCs治理设施	废气治理设施运行费用/万元
总　计		**293 229**	**22 885**	**18 097**	**129 821**	**86 029**	**19 181 438.6**
京津冀及周边地区（54个城市）	北　京	3 849	42	593	1 591	1 255	90 485.8
	天　津	8 382	301	315	3 636	3 214	563 572.5
	石家庄	4 178	210	267	1 953	1 332	217 520.5
	唐　山	5 225	349	452	3 728	429	969 128
	秦皇岛	1 421	131	119	816	259	161 201.2
	邯　郸	1 930	245	158	1 019	207	361 858
	邢　台	3 081	166	209	1 656	863	147 139.3
	保　定	3 652	199	140	1 564	1 460	106 455.6
	张家口	866	171	99	477	86	109 233.7
	承　德	819	113	55	598	24	85 936
	沧　州	4 992	188	357	2 500	1 604	256 064.8
	廊　坊	2 900	104	132	1 319	1 085	52 819.6
	衡　水	4 486	96	109	2 169	1 781	50 968.1
	太　原	1 037	58	72	735	155	227 421.4
	大　同	1 798	376	228	1 077	57	80 723.2
	朔　州	626	134	79	317	13	52 915.3
	忻　州	949	160	391	373	11	64 507.5
	阳　泉	720	151	52	452	22	34 383.2
	长　治	1 081	158	99	713	40	133 215.3
	晋　城	1 080	153	211	602	59	89 807.5
	济　南	3 786	224	563	1 952	828	383 011.4
	青　岛	2 433	192	262	971	752	155 771.5
	淄　博	5 568	417	649	2 826	1 243	270 084.5
	枣　庄	1 558	129	111	790	442	97 386.2
	东　营	1 013	167	156	339	303	141 913.7
	潍　坊	4 574	364	711	1 853	1 151	331 243.1
	济　宁	2 483	219	252	1 221	597	164 053.6
	泰　安	1 220	156	126	580	248	71 022.4
	日　照	967	88	129	510	166	292 667.7
	临　沂	3 935	372	426	1 830	1 094	184 281.9
	德　州	3 417	180	332	1 590	1 014	183 514.5
	聊　城	3 372	191	366	1 689	773	194 509.7
	滨　州	2 647	339	324	1 062	679	243 115.4
	菏　泽	2 154	361	291	953	425	117 866.5
	郑　州	2 528	273	362	1 149	521	160 867.8
	开　封	571	62	42	244	185	21 278.6
	平顶山	627	105	30	344	112	81 421.8
	安　阳	1 537	144	144	1 008	145	220 799.4
	鹤　壁	651	71	78	260	204	46 515.7
	新　乡	1 615	103	148	811	464	61 322.6
	焦　作	1 378	137	140	612	372	94 100.3
	濮　阳	745	56	68	306	292	24 054.1
	许　昌	876	102	59	431	226	58 490.5

重点城市/区域工业废气排放及治理情况（二）（续表）
（2020）

区　域	城　市	废气治理设施数量/套	脱硫设施	脱硝设施	除尘设施	VOCs治理设施	废气治理设施运行费用/万元
京津冀及周边地区（54个城市）	漯　河	183	33	8	65	51	18 082.2
	南　阳	583	65	56	344	76	51 165.4
	商　丘	747	107	131	315	167	47 994.3
	信　阳	549	80	41	307	93	19 915.3
	周　口	327	81	54	107	76	17 576.7
	驻马店	541	65	28	297	121	20 088.7
	呼和浩特	732	155	109	425	21	85 286.3
	包　头	805	82	44	607	25	292 666.1
	朝　阳	936	174	25	686	30	66 732.5
	锦　州	684	128	56	451	39	39 526.4
	葫芦岛	526	131	62	288	25	22 341.9
	合　计	**109 340**	**9 058**	**10 520**	**54 518**	**26 916**	**8 136 025.2**
长三角地区（41个城市）	上　海	11 287	176	400	3 715	4 802	603 156.8
	南　京	1 422	53	57	495	672	505 600.4
	无　锡	5 992	147	162	1 780	2 511	339 512.4
	徐　州	1 555	107	92	828	408	121 033.7
	常　州	1 376	94	81	427	428	144 986.9
	苏　州	6 458	253	168	2 049	2 529	627 494.6
	南　通	3 597	178	116	1 482	1 295	152 874.7
	连云港	628	47	25	318	165	73 885.8
	淮　安	875	72	37	341	263	96 466.9
	盐　城	1 171	110	44	495	310	198 463.2
	扬　州	1 567	107	45	639	506	163 466.9
	镇　江	1 251	95	57	531	400	136 123.3
	泰　州	934	70	36	375	296	51 117.9
	宿　迁	801	48	35	270	274	29 849.1
	杭　州	3 246	199	154	1 095	1 179	144 456.3
	宁　波	2 539	160	104	810	815	271 020.2
	温　州	5 061	228	131	1 242	2 405	144 611.6
	绍　兴	3 358	178	59	781	1 432	129 691.2
	湖　州	2 809	130	91	1 071	1 222	79 020.6
	嘉　兴	3 808	151	93	1 199	1 777	229 067.8
	金　华	3 778	150	48	1 724	1 446	145 737.9
	衢　州	1 429	121	55	623	438	111 367.2
	台　州	4 282	151	51	1 883	1 476	127 096.8
	丽　水	1 222	45	16	570	424	27 011.2
	舟　山	190	30	10	90	45	44 748.5
	合　肥	2 003	74	59	799	669	90 531.8
	芜　湖	1 304	81	68	540	381	113 960.7
	蚌　埠	568	54	41	294	136	25 743
	淮　南	325	73	40	170	29	144 042.5
	马鞍山	1 429	92	32	949	266	208 978.6
	淮　北	1 045	101	46	631	166	61 894.3
	铜　陵	594	54	24	340	119	92 011.5

重点城市/区域工业废气排放及治理情况（二）（续表）（2020）

区　　域	城　市	废气治理设施数量/套	脱硫设施	脱硝设施	除尘设施	VOCs治理设施	废气治理设施运行费用/万元
长三角地区（41个城市）	安　庆	621	51	20	299	188	24 893.5
	黄　山	307	6	3	184	105	4 150.9
	阜　阳	1 224	214	140	603	232	38 392
	宿　州	826	92	58	457	195	35 985.8
	滁　州	1 216	113	77	526	366	40 232.1
	六　安	736	44	24	441	122	46 551.9
	宣　城	1 892	223	86	906	413	51 605.7
	池　州	1 454	106	14	1 035	170	43 597.3
	亳　州	497	91	26	289	74	12 257.8
	合　计	**86 677**	**4 569**	**2 925**	**33 296**	**31 149**	**5 732 691.4**
汾渭平原（11个城市）	吕　梁	1 776	246	209	1 149	107	171 710.7
	晋　中	1 610	211	97	1 121	130	119 492.5
	临　汾	1 647	137	109	1 301	71	143 205.5
	运　城	2 668	331	203	1 706	280	186 504.4
	洛　阳	1 287	128	134	734	194	138 745.8
	三门峡	459	71	61	255	41	53 758.5
	西　安	1 239	57	96	418	435	28 818.6
	咸　阳	766	77	64	341	203	49 561.3
	宝　鸡	875	91	68	486	163	51 427.9
	铜　川	324	23	12	254	21	12 803.2
	渭　南	581	70	82	256	127	43 707.4
	合　计	**13 232**	**1 442**	**1 135**	**8 021**	**1 772**	**999 735.7**
成渝地区（16个城市）	重　庆	5 229	656	190	2 379	1 126	282 548.6
	成　都	6 684	232	460	2 752	2 662	202 983.4
	自　贡	516	65	4	247	146	11 638.7
	泸　州	830	145	44	409	190	32 046.7
	德　阳	699	103	28	373	140	29 349.5
	绵　阳	869	139	19	430	191	293 474.2
	遂　宁	392	89	9	148	87	11 649.1
	内　江	363	90	16	204	25	49 133.1
	乐　山	676	157	72	321	88	43 038.8
	眉　山	820	123	31	406	213	33 575.1
	宜　宾	519	119	26	269	85	35 512.1
	雅　安	335	53	6	217	30	16 022.9
	资　阳	219	56	1	105	41	3 615.4
	南　充	620	146	9	354	80	11 559
	广　安	320	91	23	143	49	24 382.6
	达　州	360	128	9	185	6	45 664.3
	合　计	**19 451**	**2 392**	**947**	**8 942**	**5 159**	**1 126 193.5**
长江中游城市群（22个城市）	武　汉	2 056	74	48	1 070	597	156 578.9
	咸　宁	512	29	16	281	136	22 641
	孝　感	299	53	14	118	84	50 317.2
	黄　冈	600	45	14	358	150	15 892.9
	黄　石	921	87	33	583	111	134 510.8

重点城市/区域工业废气排放及治理情况（二）（续表）
（2020）

区　域	城　市	废气治理设施数量/套	脱硫设施	脱硝设施	除尘设施	VOCs治理设施	废气治理设施运行费用/万元
长江中游城市群（22个城市）	鄂　州	421	19	13	310	51	100 416.2
	襄　阳	1 181	91	42	602	288	37 479.3
	宜　昌	629	99	28	351	91	57 525.5
	荆　门	427	78	29	183	93	73 147.6
	荆　州	479	56	51	249	76	45 372
	随　州	282	22	5	150	72	9 813.2
	南　昌	1 315	58	8	837	302	55 224.9
	萍　乡	564	85	25	389	36	54 810.8
	新　余	674	101	16	392	73	98 175.4
	宜　春	1 814	376	56	960	280	90 359.6
	九　江	1 245	149	37	636	285	136 445.2
	长　沙	1 259	118	61	553	360	33 912.2
	株　洲	698	128	15	363	159	30 740.8
	湘　潭	512	85	29	259	92	12 558.7
	岳　阳	665	128	34	340	116	55 202.8
	常　德	436	86	33	222	64	25 932.7
	益　阳	352	55	7	216	43	19 643.5
	合　计	17 341	2 022	614	9 422	3 559	1 316 701.3
珠三角地区（9个城市）	广　州	5 048	140	92	1 615	2 318	165 514.4
	深　圳	4 566	257	48	305	1 647	122 513.3
	珠　海	2 837	73	46	972	1 156	81 565.1
	佛　山	3 134	148	84	833	1 409	120 223.1
	江　门	2 008	145	95	708	723	67 908.8
	肇　庆	1 677	176	75	662	502	56 908.6
	惠　州	2 099	206	45	769	714	67 624.8
	东　莞	8 637	293	86	1 967	4 918	167 263.3
	中　山	3 267	79	31	928	1 677	40 430.9
	合　计	33 273	1 517	602	8 759	15 064	889 952.3
其他省会城市和计划单列市（15个城市）	沈　阳	2 108	354	303	870	387	82 824.4
	大　连	2 173	369	220	975	452	138 743.7
	长　春	1 440	266	72	816	213	75 471.1
	哈尔滨	863	164	195	425	43	63 290.7
	福　州	1 482	151	63	810	394	114 686.4
	厦　门	1 395	42	34	456	419	44 986.3
	南　宁	532	82	27	271	67	31 514.8
	海　口	104	0	0	57	30	1 363.5
	贵　阳	310	49	13	111	79	52 161.3
	昆　明	908	148	21	572	90	64 430.2
	拉　萨	144	17	6	112	3	4 363.9
	兰　州	863	112	182	493	50	54 480.2
	西　宁	469	29	18	314	45	39 313.4
	银　川	549	59	94	327	47	123 492.8
	乌鲁木齐	575	43	106	254	91	89 016.5
	合　计	13 915	1 885	1 354	6 863	2 410	980 139.2

重点城市/区域生活废气排放情况（2020）

单位：吨

区 域	城 市	生活废气中污染物排放量			
		二氧化硫	氮氧化物	颗粒物	挥发性有机物
总 计		345 956	208 462	1 044 296	1 230 593
京津冀及周边地区（54个城市）	北 京	761	8 613	4 538	26 754
	天 津	417	3 458	4 428	16 486
	石家庄	1 461	2 211	7 429	12 882
	唐 山	7 500	4 283	37 515	14 262
	秦皇岛	2 382	1 520	11 929	5 194
	邯 郸	12 197	7 562	61 063	18 541
	邢 台	1 714	1 848	8 653	8 646
	保 定	1 350	2 272	6 889	11 321
	张家口	1 808	1 369	9 074	5 727
	承 德	5 035	2 815	25 177	7 178
	沧 州	2 701	2 865	13 627	9 944
	廊 坊	379	2 113	2 065	6 362
	衡 水	1 489	1 371	7 492	5 532
	太 原	891	1 719	2 362	6 337
	大 同	3 392	1 176	8 502	4 609
	朔 州	2 901	911	7 263	2 734
	忻 州	6 200	1 749	15 504	4 928
	阳 泉	2 103	767	5 275	2 185
	长 治	3 200	1 310	8 039	4 541
	晋 城	2 818	1 534	7 115	3 478
	济 南	4 519	2 384	12 147	12 326
	青 岛	1 514	1 040	4 091	12 063
	淄 博	6 338	2 399	16 950	7 710
	枣 庄	1 500	510	4 006	4 754
	东 营	308	114	822	2 701
	潍 坊	3 604	1 517	9 652	11 812
	济 宁	5 250	1 589	14 004	10 701
	泰 安	1 451	828	3 907	6 180
	日 照	2 063	957	5 532	4 070
	临 沂	2 338	1 511	6 309	12 872
	德 州	2 250	1 175	6 047	6 776
	聊 城	1 238	989	3 357	6 738
	滨 州	1 500	791	4 032	4 898
	菏 泽	1 418	607	3 798	9 352
	郑 州	111	1 651	349	14 718
	开 封	…	140	13	4 829
	平顶山	1 370	513	2 513	5 385
	安 阳	1 650	594	3 024	6 065
	鹤 壁	…	140	13	1 648
	新 乡	605	253	1 112	5 239
	焦 作	335	263	627	3 682
	濮 阳	…	192	18	3 913
	许 昌	740	450	1 372	4 609

重点城市/区域生活废气排放情况（续表）（2020）

单位：吨

区 域	城 市	生活废气中污染物排放量			
		二氧化硫	氮氧化物	颗粒物	挥发性有机物
京津冀及周边地区（54个城市）	漯 河	166	189	317	2 458
	南 阳	1 689	485	3 083	9 957
	商 丘	333	236	621	7 844
	信 阳	248	104	455	6 113
	周 口	291	330	554	8 779
	驻马店	231	269	440	6 742
	呼和浩特	454	250	2 269	4 462
	包 头	3 701	3 482	18 633	5 901
	朝 阳	5 126	1 427	12 818	4 968
	锦 州	19 263	6 104	48 230	10 134
	葫芦岛	4 544	1 387	11 373	4 363
	合 计	136 846	86 333	456 427	412 403
长三角地区（41个城市）	上 海	232	4 211	1 298	27 567
	南 京	1	1 644	151	11 302
	无 锡	1	588	56	8 979
	徐 州	5	1 232	129	10 010
	常 州	75	245	319	6 340
	苏 州	84	769	402	15 984
	南 通	62	361	278	9 001
	连云港	955	738	3 848	5 550
	淮 安	969	964	3 926	5 492
	盐 城	2	126	21	7 284
	扬 州	509	333	2 046	5 342
	镇 江	738	521	2 971	4 079
	泰 州	504	281	2 020	5 316
	宿 迁	155	823	688	5 498
	杭 州	80	387	262	13 723
	宁 波	350	464	1 032	11 552
	温 州	107	93	310	11 241
	绍 兴	195	258	574	6 469
	湖 州	18	69	56	4 044
	嘉 兴	84	138	250	6 528
	金 华	910	555	2 625	8 925
	衢 州	47	361	167	2 198
	台 州	29	74	90	7 809
	丽 水	44	35	127	2 768
	舟 山	70	81	205	1 299
	合 肥	599	1 679	6 081	11 152
	芜 湖	91	796	974	3 924
	蚌 埠	150	465	1 526	3 488
	淮 南	30	104	306	3 019
	马鞍山	33	173	338	2 234
	淮 北	112	182	1 128	2 169
	铜 陵	48	197	497	1 406

重点城市/区域生活废气排放情况（续表）（2020）

单位：吨

区　域	城　市	生活废气中污染物排放量			
		二氧化硫	氮氧化物	颗粒物	挥发性有机物
长三角地区 （41个城市）	安　庆	75	182	754	4 257
	黄　山	179	207	1 786	1 750
	阜　阳	276	534	2 779	8 282
	宿　州	201	314	2 022	5 434
	滁　州	1 637	2 220	16 404	6 385
	六　安	95	308	966	4 458
	宣　城	27	50	269	2 616
	池　州	23	79	236	1 375
	亳　州	245	425	2 459	5 203
	合　计	**10 047**	**23 268**	**62 376**	**271 451**
汾渭平原 （11个城市）	吕　梁	5 171	1 708	12 953	5 331
	晋　中	4 325	1 367	10 830	5 164
	临　汾	3 985	1 302	9 981	5 404
	运　城	3 040	1 148	7 629	5 911
	洛　阳	1 650	515	3 017	7 707
	三门峡	53	33	98	2 173
	西　安	6 516	5 305	18 912	18 572
	咸　阳	1 419	594	4 068	4 762
	宝　鸡	2 565	842	7 332	5 018
	铜　川	3 164	1 159	9 055	2 114
	渭　南	854	653	2 474	5 346
	合　计	**32 742**	**14 627**	**86 347**	**67 502**
成渝地区 （16个城市）	重　庆	20 527	7 328	24 575	38 362
	成　都	3 017	6 389	5 176	25 552
	自　贡	44	596	121	4 134
	泸　州	2 239	573	3 463	4 932
	德　阳	1 118	319	1 732	3 517
	绵　阳	65	710	164	8 532
	遂　宁	789	578	1 255	3 083
	内　江	3 620	1 564	5 656	3 865
	乐　山	2 884	1 704	4 547	4 113
	眉　山	4 095	1 043	6 332	4 111
	宜　宾	418	324	666	4 846
	雅　安	529	606	861	1 683
	资　阳	1 342	376	2 079	2 486
	南　充	2 502	1 280	3 927	6 427
	广　安	1 803	692	2 808	3 754
	达　州	640	554	1 026	5 653
	合　计	**45 633**	**24 633**	**64 388**	**125 049**
长江中游 城市群 （22个城市）	武　汉	10 001	3 857	20 152	18 315
	咸　宁	...	82	8	2 776
	孝　感	7 089	1 672	14 188	6 470
	黄　冈	1 952	655	3 924	6 600
	黄　石	1 717	421	3 437	3 101

重点城市/区域生活废气排放情况（续表）（2020）

单位：吨

区 域	城 市	生活废气中污染物排放量			
		二氧化硫	氮氧化物	颗粒物	挥发性有机物
长江中游城市群（22个城市）	鄂 州	475	155	955	1 220
	襄 阳	1 000	398	2 016	5 992
	宜 昌	2 119	661	4 255	5 100
	荆 门	150	96	306	2 852
	荆 州	2 481	702	4 976	6 200
	随 州	6 698	1 568	13 404	4 152
	南 昌	215	505	472	7 023
	萍 乡	12 095	3 036	24 224	5 588
	新 余	318	114	639	1 381
	宜 春	75	112	159	5 365
	九 江	48	250	118	4 894
	长 沙	1 361	806	3 442	12 465
	株 洲	1 925	918	4 849	4 936
	湘 潭	3 514	1 277	8 813	4 265
	岳 阳	3 735	1 363	9 368	6 777
	常 德	2 866	1 079	7 191	6 638
	益 阳	2 279	715	5 705	4 896
	合 计	**62 112**	**20 442**	**132 600**	**127 008**
珠三角地区（9个城市）	广 州	1 437	2 421	4 285	17 931
	深 圳	15	305	71	16 814
	珠 海	…	72	7	2 639
	佛 山	267	1 219	866	10 367
	江 门	50	39	145	4 692
	肇 庆	204	154	591	3 932
	惠 州	68	397	229	6 149
	东 莞	4 074	1 414	11 652	13 174
	中 山	…	214	20	4 661
	合 计	**6 116**	**6 233**	**17 865**	**80 359**
其他省会城市和计划单列市（15个城市）	沈 阳	2 680	1 541	6 774	11 964
	大 连	2 756	1 050	6 916	9 607
	长 春	6 318	3 907	25 371	17 780
	哈尔滨	26 760	15 035	133 829	31 292
	福 州	739	603	1 518	7 873
	厦 门	81	78	168	5 399
	南 宁	1 126	609	2 284	9 084
	海 口	…	178	16	2 996
	贵 阳	2 391	374	2 665	19 149
	昆 明	2 609	1 308	4 424	9 577
	拉 萨	124	72	195	1 058
	兰 州	2 542	1 965	10 246	5 909
	西 宁	230	1 159	2 374	3 149
	银 川	20	467	142	3 258
	乌鲁木齐	4 085	4 580	27 372	8 725
	合 计	**52 461**	**32 926**	**224 294**	**146 821**

重点城市/区域移动源废气排放情况（2020）

单位：吨

区 域	城 市	移动源废气中污染物排放量		
		氮氧化物	颗粒物	挥发性有机物
总 计		3 891 387	56 936	1 410 697
京津冀及周边地区（54个城市）	北 京	68 157	435	36 856
	天 津	84 270	1 069	25 239
	石家庄	32 514	441	17 143
	唐 山	76 255	714	18 943
	秦皇岛	21 459	197	6 294
	邯 郸	138 356	3 687	25 015
	邢 台	50 303	753	10 764
	保 定	33 824	499	16 054
	张家口	11 632	176	7 180
	承 德	13 340	187	4 573
	沧 州	33 591	487	11 470
	廊 坊	13 051	297	9 217
	衡 水	12 689	234	5 417
	太 原	14 183	176	10 785
	大 同	18 222	444	9 667
	朔 州	10 218	83	6 844
	忻 州	18 476	196	2 710
	阳 泉	13 600	109	2 440
	长 治	16 255	210	5 267
	晋 城	6 642	68	3 268
	济 南	24 814	299	18 878
	青 岛	37 739	522	20 046
	淄 博	12 628	187	7 944
	枣 庄	11 668	135	5 947
	东 营	10 076	128	5 036
	潍 坊	31 906	479	16 992
	济 宁	36 652	460	11 053
	泰 安	13 085	174	6 776
	日 照	11 287	156	5 009
	临 沂	41 198	642	17 054
	德 州	10 637	169	7 240
	聊 城	15 012	177	7 378
	滨 州	12 851	189	7 572
	菏 泽	16 641	275	8 638
	郑 州	69 102	1 087	35 917
	开 封	10 382	360	6 049
	平顶山	30 550	566	6 856
	安 阳	29 369	482	9 625
	鹤 壁	15 967	246	4 663
	新 乡	21 107	1 203	11 912
	焦 作	35 266	288	4 974
	濮 阳	22 657	210	4 810
	许 昌	10 563	121	4 325

重点城市/区域移动源废气排放情况（续表）
（2020）

单位：吨

区域	城市	移动源废气中污染物排放量		
		氮氧化物	颗粒物	挥发性有机物
京津冀及周边地区（54个城市）	漯河	14 251	248	4 884
	南阳	18 123	234	8 546
	商丘	38 161	424	7 798
	信阳	11 077	323	7 830
	周口	37 107	398	7 096
	驻马店	27 979	496	7 634
	呼和浩特	33 254	325	11 947
	包头	20 657	148	7 242
	朝阳	13 390	250	6 765
	锦州	34 720	411	4 054
	葫芦岛	17 269	224	4 796
	合计	**1 484 185**	**22 499**	**548 433**
长三角地区（41个城市）	上海	131 869	1 291	25 731
	南京	32 381	307	14 545
	无锡	29 255	308	12 075
	徐州	28 183	381	9 786
	常州	17 540	188	7 847
	苏州	50 680	585	22 612
	南通	20 543	272	10 335
	连云港	15 592	193	4 334
	淮安	11 678	141	3 800
	盐城	28 972	331	6 476
	扬州	12 893	169	5 436
	镇江	9 079	99	3 715
	泰州	11 569	130	5 015
	宿迁	15 590	244	5 131
	杭州	73 804	728	17 241
	宁波	56 828	647	16 945
	温州	21 970	278	14 274
	绍兴	18 727	230	9 140
	湖州	12 186	154	5 370
	嘉兴	19 302	226	9 160
	金华	20 058	400	13 873
	衢州	13 291	159	3 148
	台州	19 089	288	11 165
	丽水	6 551	90	3 163
	舟山	6 347	66	1 301
	合肥	23 913	286	11 408
	芜湖	11 272	126	3 464
	蚌埠	18 893	204	2 894
	淮南	12 509	143	2 519
	马鞍山	8 088	85	2 105
	淮北	11 932	126	2 033
	铜陵	4 118	48	1 273

重点城市/区域移动源废气排放情况（续表）
（2020）

区　域	城　市	移动源废气中污染物排放量		
		氮氧化物	颗粒物	挥发性有机物
长三角地区 （41个城市）	安　庆	8 468	112	3 860
	黄　山	6 629	52	1 524
	阜　阳	49 212	557	6 687
	宿　州	27 410	280	3 941
	滁　州	21 825	217	3 287
	六　安	22 852	238	3 860
	宣　城	12 286	133	2 860
	池　州	4 710	50	1 161
	亳　州	39 934	408	4 344
	合　计	968 028	10 967	298 839
汾渭平原 （11个城市）	吕　梁	17 402	95	5 228
	晋　中	59 772	872	7 836
	临　汾	22 400	251	5 151
	运　城	30 890	318	6 106
	洛　阳	15 365	159	8 535
	三门峡	25 843	142	5 723
	西　安	47 254	857	30 053
	咸　阳	11 686	298	5 754
	宝　鸡	7 247	124	3 223
	铜　川	1 991	43	967
	渭　南	14 973	354	6 671
	合　计	254 821	3 513	85 248
成渝地区 （16个城市）	重　庆	88 484	1 080	33 079
	成　都	—	—	—
	自　贡	—	—	—
	泸　州	—	—	—
	德　阳	—	—	—
	绵　阳	—	—	—
	遂　宁	—	—	—
	内　江	—	—	—
	乐　山	—	—	—
	眉　山	—	—	—
	宜　宾	—	—	—
	雅　安	—	—	—
	资　阳	—	—	—
	南　充	—	—	—
	广　安	—	—	—
	达　州	—	—	—
	合　计	88 484	1 080	33 079
长江中游 城市群 （22个城市）	武　汉	101 761	3 287	37 874
	咸　宁	17 311	515	5 860
	孝　感	11 918	343	5 887
	黄　冈	20 663	586	10 021
	黄　石	14 826	471	4 668

注："—"表示该城市本年未报送数据。

130

重点城市/区域移动源废气排放情况（续表）
（2020）

单位：吨

区　域	城　市	移动源废气中污染物排放量		
		氮氧化物	颗粒物	挥发性有机物
长江中游城市群（22个城市）	鄂　州	3 579	117	1 666
	襄　阳	48 516	1 335	12 736
	宜　昌	26 297	823	12 000
	荆　门	23 283	675	6 613
	荆　州	22 705	693	10 800
	随　州	24 095	488	4 744
	南　昌	12 375	172	6 397
	萍　乡	3 109	49	1 804
	新　余	6 414	81	1 323
	宜　春	44 256	462	5 167
	九　江	9 624	172	4 122
	长　沙	25 497	323	15 416
	株　洲	5 566	83	3 583
	湘　潭	5 186	63	2 706
	岳　阳	9 341	133	4 218
	常　德	12 740	170	4 570
	益　阳	9 905	132	3 386
	合　计	**458 967**	**11 172**	**165 560**
珠三角地区（9个城市）	广　州	76 415	943	17 203
	深　圳	49 527	540	16 897
	珠　海	13 203	128	4 200
	佛　山	32 457	425	16 385
	江　门	14 516	169	7 817
	肇　庆	12 544	150	5 267
	惠　州	16 449	181	7 328
	东　莞	40 163	436	19 039
	中　山	12 342	170	7 970
	合　计	**267 615**	**3 142**	**102 106**
其他省会城市和计划单列市（15个城市）	沈　阳	43 535	950	31 366
	大　连	35 950	502	12 971
	长　春	19 973	193	9 082
	哈尔滨	41 219	528	22 467
	福　州	24 461	288	8 991
	厦　门	19 510	215	8 332
	南　宁	26 106	358	13 465
	海　口	7 393	153	4 188
	贵　阳	22 203	246	8 042
	昆　明	37 023	388	17 384
	拉　萨	11 857	77	4 848
	兰　州	21 795	182	8 137
	西　宁	21 716	150	7 866
	银　川	19 056	162	8 294
	乌鲁木齐	17 491	170	12 000
	合　计	**369 287**	**4 563**	**177 432**

12

重点流域工业废水污染排放及治理统计

重点流域工业重点调查企业废水排放及治理情况（一）
（2020）

单位：吨

流　域	地　区	工业废水中污染物排放量			
		化学需氧量	氨氮	总氮	总磷
总　计		186 092.6	8 970.7	37 917.3	1 353.5
辽河	内蒙古	1 094.9	39.8	299.1	7.0
	辽　宁	6 698.2	312.4	1 595.0	68.4
	吉　林	327.9	11.3	66.2	1.4
	合　计	8 121.0	363.5	1 960.3	76.8
海河	北　京	808.7	23.4	378.7	7.2
	天　津	1 817.1	43.2	577.2	18.7
	河　北	8 745.2	468.6	2 110.0	73.4
	山　西	671.3	30.9	75.3	4.3
	内蒙古	279.5	1.4	4.8	0.1
	山　东	15 605.8	637.8	3 891.5	110.3
	河　南	2 499.8	112.5	583.3	18.1
	合　计	30 427.4	1 317.7	7 620.7	232.1
淮河	江　苏	20 376.2	923.3	3 347.2	163.8
	安　徽	4 303.2	399.6	1 010.3	31.3
	山　东	8 037.3	383.3	2 165.4	87.7
	河　南	3 618.4	207.6	1 125.8	29.6
	合　计	36 335.1	1 913.9	7 648.7	312.3
松花江	内蒙古	346.1	14.0	71.7	3.4
	吉　林	4 917.3	140.8	1 295.6	41.5
	黑龙江	18 608.2	904.1	2 280.3	60.2
	合　计	23 871.5	1 058.9	3 647.5	105.0
长江中下游	上　海	5 808.4	169.7	1 868.0	30.1
	江　苏	5 958.9	170.4	1 424.0	40.6
	安　徽	5 608.4	209.0	1 048.8	69.5
	江　西	17 710.5	1 438.5	3 279.1	124.5
	河　南	972.4	31.6	143.0	6.1
	湖　北	15 970.7	766.8	2 423.3	109.7
	湖　南	13 470.4	579.4	2 182.5	103.1
	广　西	1 627.7	7.4	22.2	23.5
	合　计	67 127.5	3 372.9	12 390.7	507.2
黄河中上游	山　西	2 885.2	118.9	604.8	26.0
	内蒙古	3 237.5	217.4	971.5	12.9
	河　南	2 467.7	157.7	826.7	17.8
	陕　西	6 440.7	183.8	760.7	29.4
	甘　肃	2 406.5	142.2	833.2	14.7
	青　海	240.2	22.6	46.5	0.6
	宁　夏	2 532.3	101.3	606.1	18.7
	合　计	20 210.1	943.9	4 649.4	120.1

重点流域工业重点调查企业废水排放及治理情况（二）
（2020）

流　域	地　区	废水治理设施数/套	废水治理设施治理能力/（万吨/日）	废水治理设施运行费用/万元
总　计		27 097	7 625.3	3 558 221.7
辽河	内蒙古	222	67.0	30 434.2
	辽　宁	1 076	698.8	189 318.8
	吉　林	61	7.2	3 192.2
	合　计	1 359	773.0	222 945.3
海河	北　京	377	29.5	20 549.2
	天　津	871	50.5	66 721.0
	河　北	1 975	684.7	222 855.8
	山　西	197	42.1	18 717.2
	内蒙古	17	2.2	954.2
	山　东	1 638	379.9	363 667.5
	河　南	498	206.6	86 827.3
	合　计	5 573	1 395.6	780 292.1
淮河	江　苏	1 794	342.1	240 132.3
	安　徽	1 011	194.9	66 898.4
	山　东	1 098	230.1	175 422.4
	河　南	860	234.1	76 324.2
	合　计	4 763	1 001.1	558 777.3
松花江	内蒙古	104	22.3	18 483.5
	吉　林	288	67.5	41 006.5
	黑龙江	716	525.3	188 246.6
	合　计	1 108	615.1	247 736.6
长江中下游	上　海	1 751	152.2	171 051.8
	江　苏	1 031	195.8	143 588.0
	安　徽	988	484.9	151 604.0
	江　西	3 314	652.0	277 386.5
	河　南	88	20.4	17 102.1
	湖　北	1 574	480.7	206 956.8
	湖　南	1 961	623.7	164 072.9
	广　西	20	1.3	232.5
	合　计	10 727	2 610.9	1 131 994.7
黄河中上游	山　西	964	307.8	144 915.9
	内蒙古	671	407.4	193 886.3
	河　南	539	226.2	58 913.4
	陕　西	699	157.2	107 514.9
	甘　肃	383	58.2	39 045.8
	青　海	46	7.5	5 236.7
	宁　夏	265	65.3	66 962.9
	合　计	3 567	1 229.6	616 475.9

重点流域工业重点调查企业污染防治投资情况
（2020）

流 域	地 区	工业废水治理施工项目数/个	工业废水治理竣工项目数/个	工业废水治理施工项目本年完成投资/万元	工业废水治理竣工项目新增处理能力/（万吨/日）
总 计		259	183	319 683.2	60.5
辽 河	内蒙古	1	1	28.0	...
	辽 宁	3	2	1 295.0	0.5
	吉 林	1	1	300.0	0.1
	合 计	5	4	1 623.0	0.6
海 河	北 京	6	6	2 054.8	0.2
	天 津	1	1	52.0	0.1
	河 北	5	5	3 655.1	0.8
	山 西	2	1	852.0	0.8
	内蒙古	0	0	0.0	0.0
	山 东	17	10	20 299.5	0.6
	河 南	2	2	481.0	0.9
	合 计	33	25	27 394.4	3.4
淮 河	江 苏	11	9	19 354.3	1.6
	安 徽	6	5	6 529.3	1.2
	山 东	42	36	35 113.1	6.6
	河 南	1	1	2 000.0	0.1
	合 计	60	51	62 996.7	9.4
松花江	内蒙古	0	0	0.0	0.0
	吉 林	1	0	770.0	0.4
	黑龙江	3	2	12 072.4	10.0
	合 计	4	2	12 842.4	10.4
长江中下游	上 海	19	9	25 860.3	2.8
	江 苏	10	6	106 867.5	1.3
	安 徽	8	4	5 999.0	0.9
	江 西	55	39	22 608.6	14.8
	河 南	0	0	0.0	0.0
	湖 北	17	8	14 510.8	0.7
	湖 南	11	9	4 406.5	1.7
	广 西	0	0	0.0	0.0
	合 计	120	75	180 252.6	22.2
黄河中上游	山 西	17	10	10 299.2	6.1
	内蒙古	3	2	9 819.0	0.2
	河 南	3	3	1 370.0	0.9
	陕 西	8	6	1 970.0	5.2
	甘 肃	4	3	5 335.9	0.6
	青 海	0	0	0.0	0.0
	宁 夏	2	2	5 780.0	1.4
	合 计	37	26	34 574.1	14.4

湖泊水库工业重点调查企业废水排放及治理情况（一）

（2020）

单位：吨

湖泊水库	地区	工业废水中污染物排放量			
		化学需氧量	氨氮	总氮	总磷
总　计		60 684.9	3 056.0	11 507.8	396.3
滇　池	云　南	73.4	3.2	14.1	0.9
	合　计	73.4	3.2	14.1	0.9
巢　湖	安　徽	1 220.5	64.0	335.7	12.4
	合　计	1 220.5	64.0	335.7	12.4
洞庭湖	江　西	138.2	5.2	13.7	1.3
	湖　北	197.2	7.1	27.0	0.6
	湖　南	13 470.4	579.4	2 182.5	103.1
	广　西	1 627.7	7.4	22.2	23.5
	合　计	15 433.4	599.2	2 245.4	128.6
鄱阳湖	安　徽	36.4	1.0	3.9	...
	江　西	17 164.3	1 410.8	3 196.8	121.2
	合　计	17 200.7	1 411.8	3 200.7	121.2
太　湖	上　海	219.9	2.7	83.9	1.3
	江　苏	18 105.0	838.9	3 561.5	93.3
	浙　江	6 931.7	90.3	1 924.1	32.3
	合　计	25 256.6	931.9	5 569.5	126.8
丹江口	河　南	413.1	10.0	57.2	1.9
	湖　北	550.4	9.0	29.5	0.9
	陕　西	536.7	26.8	55.6	3.5
	合　计	1 500.2	45.9	142.3	6.3

湖泊水库工业重点调查企业废水排放及治理情况（二）

（2020）

湖泊水库	地 区	废水治理设施数/套	废水治理设施治理能力/（万吨/日）	废水治理设施运行费用/万元
总 计		11 050	2 225.0	1 276 889.4
滇 池	云 南	38	3.4	10 141.2
	合 计	38	3.4	10 141.2
巢 湖	安 徽	441	16.9	22 221.3
	合 计	441	16.9	22 221.3
洞庭湖	江 西	80	74.9	7 704.9
	湖 北	17	4.1	2 624.1
	湖 南	1 961	623.7	164 072.9
	广 西	20	1.3	232.5
	合 计	2 078	704.0	174 634.4
鄱阳湖	安 徽	20	0.5	132.6
	江 西	3 209	575.2	264 376.9
	合 计	3 229	575.7	264 509.5
太 湖	上 海	166	5.0	7 846.9
	江 苏	2 735	652.4	522 482.7
	浙 江	2 039	246.2	257 411.6
	合 计	4 940	903.6	787 741.3
丹江口	河 南	38	4.8	3 941.6
	湖 北	128	5.4	5 336.3
	陕 西	158	11.1	8 363.7
	合 计	324	21.3	17 641.6

湖泊水库工业重点调查企业污染防治投资情况

（2020）

湖泊水库	地 区	工业废水治理施工项目数/个	工业废水治理竣工项目数/个	工业废水治理施工项目本年完成投资/万元	工业废水治理竣工项目新增处理能力/（万吨/日）
总 计		107	81	54 181.4	29.2
滇池	云 南	0	0	0.0	0.0
	合 计	0	0	0.0	0.0
巢湖	安 徽	0	0	0.0	0.0
	合 计	0	0	0.0	0.0
洞庭湖	江 西	2	2	525.9	...
	湖 北	0	0	0.0	0.0
	湖 南	11	9	4 406.5	1.7
	广 西	0	0	0.0	0.0
	合 计	13	11	4 932.3	1.7
鄱阳湖	安 徽	0	0	0.0	0.0
	江 西	50	35	14 906.0	14.7
	合 计	50	35	14 906.0	14.7
太 湖	上 海	0	0	0.0	0.0
	江 苏	15	13	30 153.8	1.5
	浙 江	26	20	3 325.3	11.3
	合 计	41	33	33 479.1	12.8
丹江口	河 南	0	0	0.0	0.0
	湖 北	1	0	680.0	...
	陕 西	2	2	184.0	...
	合 计	3	2	864.0	...

13

各地区生态环境管理统计

各地区生态环境信访情况

（2020）

地 区	电话举报数量	微信举报数量	网上举报数量	来信、来访已办结数量
总 计	231 297	204 483	33 327	118 583
国家级	13	18	96	3 920
北 京	1 018	3 274	543	1 075
天 津	686	2 130	417	285
河 北	6 637	10 553	2 683	267
山 西	4 558	5 411	916	3 288
内 蒙 古	1 249	1 778	315	732
辽 宁	13 886	6 669	995	2 505
吉 林	1 171	2 596	305	616
黑 龙 江	290	2 847	273	2 573
上 海	19 142	4 127	823	306
江 苏	30 031	11 211	3 156	4 588
浙 江	38 823	8 349	1 374	1 772
安 徽	9 586	6 837	1 639	0
福 建	1 900	6 498	1 504	251
江 西	219	4 828	797	1 122
山 东	10 140	9 858	4 144	2 624
河 南	22 627	13 363	2 513	4 650
湖 北	6 266	6 955	1 153	7 307
湖 南	3 156	5 811	725	2 766
广 东	1 189	49 325	4 332	53 317
广 西	2 768	9 023	597	6 532
海 南	1 375	1 000	199	4 205
重 庆	45 369	5 393	505	2 228
四 川	2 436	6 899	969	0
贵 州	314	3 175	262	75
云 南	1 296	4 743	522	4 554
西 藏	0	0	15	0
陕 西	794	6 963	846	1 821
甘 肃	1 551	2 026	331	3 283
青 海	24	270	93	238
宁 夏	257	554	114	276
新 疆	2 526	1 999	171	1 407

各地区承办的人大建议和政协提案情况
（2020）

单位：件

地区名称	承办的人大建议数	承办的政协提案数
总 计	**4 268**	**5 132**
国家级	532	317
北 京	37	67
天 津	42	92
河 北	18	38
山 西	193	207
内蒙古	56	56
辽 宁	127	178
吉 林	32	25
黑龙江	42	65
上 海	34	51
江 苏	114	194
浙 江	199	175
安 徽	5	8
福 建	67	73
江 西	38	36
山 东	323	988
河 南	159	186
湖 北	417	519
湖 南	139	109
广 东	517	679
广 西	395	234
海 南	21	63
重 庆	202	207
四 川	0	0
贵 州	8	9
云 南	334	290
西 藏	0	0
陕 西	36	40
甘 肃	58	85
青 海	22	26
宁 夏	33	58
新 疆	68	57

各地区环境法规与标准情况

（2020）

地区名称	当年受理行政复议案件数量/件	当年颁布地方性环保法规数量/项	当年废止地方性环保法规数量/项	现行有效的地方性环保法规总数/项	当年颁布地方性环保规章数量/项	现行有效的地方性环保规章总数/项	当年发布的地方环境质量标准和污染物排放标准数量/项
总　计	**685**	**87**	**4**	**462**	**23**	**152**	**22**
北　京	14	2	0	4	0	1	9
天　津	43	1	0	7	0	3	2
河　北	0	2	0	3	0	0	0
山　西	7	7	1	33	1	5	1
内蒙古	14	6	0	16	1	5	1
辽　宁	20	1	0	22	0	8	0
吉　林	2	2	0	9	0	5	0
黑龙江	1	2	0	27	0	12	0
上　海	3	0	0	0	0	0	0
江　苏	14	0	0	2	0	1	0
浙　江	0	6	0	15	0	3	0
安　徽	37	2	0	25	1	4	1
福　建	9	1	0	5	1	3	0
江　西	4	1	0	6	0	0	3
山　东	0	9	0	45	1	8	1
河　南	13	4	0	16	1	2	0
湖　北	16	7	0	33	5	21	0
湖　南	32	6	0	17	0	1	1
广　东	275	9	0	46	1	13	0
广　西	6	5	0	14	0	3	0
海　南	13	0	0	3	0	3	0
重　庆	115	1	2	12	3	14	0
四　川	13	0	0	8	1	1	2
贵　州	5	0	0	5	0	0	0
云　南	21	4	0	41	4	16	1
西　藏	0	0	0	3	0	0	0
陕　西	0	1	0	2	0	0	0
甘　肃	2	2	0	10	1	5	0
青　海	0	1	0	5	0	0	0
宁　夏	3	1	0	9	2	7	0
新　疆	3	4	1	19	0	8	0

各地区环境服务业企业财务情况

（2020）

单位：万元

地区名称	资产总计	营业收入	营业成本	营业利润	应交增值税
总　计	**177 411 520.8**	**65 093 704.0**	**51 227 124.0**	**5 374 321.0**	**1 527 161.1**
北　京	15 899 540.3	4 197 657.5	3 219 231.8	354 129.6	131 286.0
天　津	4 334 444.2	337 440.3	200 512.2	94 286.2	12 849.0
河　北	2 238 222.2	818 913.7	628 833.9	53 572.5	33 401.0
山　西	797 695.1	285 058.8	187 306.2	23 980.6	8 713.3
内蒙古	2 289 314.7	505 686.8	333 553.1	46 655.5	12 166.9
辽　宁	2 916 828.0	1 093 106.8	789 700.9	117 995.3	31 089.4
吉　林	2 492 602.0	1 265 595.0	1 063 195.1	39 364.7	27 417.5
黑龙江	1 851 512.7	359 516.3	280 016.1	-14 666.3	1 949.8
上　海	2 861 109.1	1 312 813.2	1 011 329.1	139 033.0	36 539.3
江　苏	11 776 869.7	4 450 818.5	3 386 626.0	411 615.2	150 107.7
浙　江	18 116 799.9	11 393 129.0	9 560 601.0	706 365.2	225 610.1
安　徽	2 540 438.0	1 312 865.8	1 129 487.4	85 696.7	72 173.0
福　建	3 595 274.7	1 452 144.2	1 100 745.4	129 956.7	59 884.0
江　西	2 853 871.4	1 968 874.6	1 653 186.4	130 357.1	60 331.2
山　东	25 385 760.2	8 966 880.0	7 124 072.5	554 845.1	171 833.8
河　南	1 476 131.9	620 050.8	420 259.5	74 324.5	18 215.4
湖　北	10 747 880.8	3 040 030.5	2 526 432.2	275 233.0	74 728.5
湖　南	7 124 317.5	3 371 681.2	2 743 414.2	301 598.2	26 517.1
广　东	30 579 603.4	11 531 305.0	8 929 947.0	1 018 329.0	214 949.1
广　西	3 184 953.0	1 278 992.8	952 609.2	89 443.4	35 585.8
海　南	99 190.6	36 124.0	21 365.4	5 450.3	818.4
重　庆	17 793 792.4	3 397 473.2	2 404 965.5	580 492.2	91 861.3
四　川	2 195 078.7	768 670.7	537 863.0	103 304.0	27 686.5
贵　州	770 524.7	274 925.8	200 439.0	18 836.4	8 602.7
云　南	429 202.0	49 747.1	32 630.3	-2 336.7	1 325.0
西　藏	12 291.9	14 936.0	8 207.5	1 932.0	630.3
陕　西	0.0	0.0	0.0	0.0	0.0
甘　肃	1 376 207.6	408 120.3	299 816.6	11 168.2	-18 701.0
青　海	298 779.6	72 611.6	39 289.2	10 263.7	3 309.8
宁　夏	70 712.4	10 522.2	8 350.0	-342.0	112.0
新　疆	1 302 572.1	498 011.5	433 138.7	13 437.8	6 168.2

注："各地区环境服务业企业财务情况""各地区环境服务业行政单位财务情况""各地区环境服务业事业单位财务情况"3 张表的统计范围为环境与生态监测检测服务（国民经济行业分类代码为 746）、生态保护和环境治理业（国民经济行业分类代码为 77，不含 7711 自然生态系统保护管理，7712 自然遗迹保护管理，7713 野生动物保护，7714 野生植物保护，7715 动物园、水族馆管理服务和 7716 植物园管理服务）。

各地区环境服务业行政单位财务情况

（2020）

单位：万元

地区名称	资产总计	负债合计	本年收入合计	本年支出合计
总　计	447 889.1	74 867.4	352 809.5	338 220.6
北　京	0.0	0.0	0.0	0.0
天　津	1 058.7	0.0	992.5	1 117.6
河　北	0.0	0.0	0.0	0.0
山　西	16 454.7	376.7	31 683.5	29 288.0
内蒙古	0.0	0.0	0.0	0.0
辽　宁	0.0	0.0	0.0	0.0
吉　林	2 209.3	85.8	1 042.8	1 079.2
黑龙江	18 769.0	466.0	209.0	209.0
上　海	94 513.0	39 969.4	51 975.7	56 427.4
江　苏	4 139.2	144.1	3 546.2	3 189.7
浙　江	4 145.1	0.0	5 599.3	4 901.8
安　徽	1 461.0	0.0	1 016.0	1 016.0
福　建	1 365.9	0.0	1 102.8	908.1
江　西	0.0	0.0	0.0	0.0
山　东	0.0	0.0	0.0	0.0
河　南	0.0	0.0	0.0	0.0
湖　北	730.4	0.0	539.7	539.7
湖　南	26 798.7	6 856.0	31 355.1	32 826.4
广　东	2 180.5	1 219.8	6 895.0	6 765.9
广　西	10 433.6	2 723.7	5 526.6	6 192.4
海　南	0.0	0.0	0.0	0.0
重　庆	0.0	0.0	0.0	0.0
四　川	75 239.8	8 058.3	62 892.3	57 595.3
贵　州	647.7	0.0	2.2	2.2
云　南	136 209.9	9 874.5	98 416.5	94 293.6
西　藏	48 782.3	4 848.7	43 914.8	35 764.4
陕　西	0.0	0.0	0.0	0.0
甘　肃	318.2	0.0	72.2	76.6
青　海	0.0	0.0	0.0	0.0
宁　夏	0.0	0.0	0.0	0.0
新　疆	2 432.1	244.4	6 027.3	6 027.3

各地区环境服务业事业单位财务情况

（2020）

单位：万元

地区名称	资产总计	负债合计	本年收入合计	本年支出合计
总　计	**4 385 440.0**	**775 834.0**	**2 274 354.8**	**2 131 730.8**
北　京	346 496.1	49 432.3	241 986.8	251 586.3
天　津	62 224.3	4 238.3	23 070.5	25 406.0
河　北	27 596.5	4 990.5	7 738.1	8 991.5
山　西	134 711.1	14 362.5	87 594.8	64 080.7
内蒙古	34 266.6	748.2	20 520.4	22 474.1
辽　宁	9 384.7	739.4	7 835.7	3 973.3
吉　林	201 741.0	42 860.0	92 972.1	90 257.3
黑龙江	83 273.7	5 968.3	41 342.4	15 245.0
上　海	232 195.1	11 338.6	75 970.6	78 881.5
江　苏	310 004.9	65 613.6	148 559.1	145 447.9
浙　江	309 666.5	21 698.7	160 052.4	144 967.9
安　徽	123 327.7	53 779.7	91 834.2	91 956.1
福　建	331 642.0	24 730.0	107 116.2	96 243.3
江　西	123 020.7	25 467.2	54 561.0	48 179.1
山　东	234 595.0	31 762.0	113 436.0	106 577.9
河　南	85 667.5	22 506.6	47 167.6	45 543.9
湖　北	143 190.5	34 023.3	68 341.8	62 289.4
湖　南	176 369.7	28 211.5	88 896.3	80 537.3
广　东	787 142.6	197 016.1	503 210.3	469 504.6
广　西	258 820.8	63 047.8	88 930.7	93 560.6
海　南	38 421.0	409.0	15 675.5	15 417.2
重　庆	0.0	0.0	0.0	0.0
四　川	71 820.1	17 213.9	55 950.3	54 477.3
贵　州	17 964.1	3 665.0	8 915.2	9 729.7
云　南	25 900.1	3 398.9	23 936.1	23 064.4
西　藏	5 645.0	57.6	2 276.8	1 602.0
陕　西	1 477.0	73.1	1 351.8	1 346.7
甘　肃	146 409.6	46 249.9	61 303.4	61 543.0
青　海	0.0	0.0	0.0	0.0
宁　夏	28 838.4	484.8	21 848.5	5 996.0
新　疆	33 627.7	1 747.2	11 960.2	12 850.7

各地区清洁生产审核情况

（2020）

地区名称	公布强制性清洁生产审核企业数	已开展强制性清洁生产审核企业数	开展审核评估的企业数	审核验收合格的企业数	审核验收不合格的企业数
总　计	7 674	6 947	5 889	4 629	117
北　京	52	49	36	17	19
天　津	37	0	0	27	0
河　北	723	471	471	135	0
山　西	355	349	346	11	0
内蒙古	90	76	50	16	0
辽　宁	186	208	109	75	0
吉　林	63	59	59	0	0
黑龙江	6	6	5	1	0
上　海	152	137	65	72	0
江　苏	930	887	839	841	7
浙　江	459	441	441	441	0
安　徽	238	265	239	81	0
福　建	94	187	135	108	3
江　西	99	117	105	10	0
山　东	1 026	995	867	718	14
河　南	605	605	444	504	3
湖　北	0	64	42	37	0
湖　南	190	249	201	49	0
广　东	1 607	1 024	819	852	61
广　西	53	64	32	32	0
海　南	26	15	2	13	0
重　庆	87	85	85	98	0
四　川	174	174	135	180	0
贵　州	148	63	63	63	0
云　南	37	27	27	27	0
西　藏	0	0	0	0	0
陕　西	33	89	89	72	3
甘　肃	132	136	97	101	4
青　海	16	27	27	19	0
宁　夏	17	20	16	7	1
新　疆	102	58	43	22	2

管辖海域未达到第一类海水水质标准的海域面积

海　区	合计	第二类水质海域面积	第三类水质海域面积	第四类水质海域面积	劣于第四类水质海域面积
全　国	94 930	30 730	20 650	13 480	30 070
渤　海	13 490	9 170	2 300	1 020	1 000
黄　海	25 360	7 430	8 300	4 550	5 080
东　海	48 000	10 800	8 910	6 810	21 480
南　海	8 080	3 330	1 140	1 100	2 510

全国近岸海域各类海水水质面积比例

单位：%

海　区	一类海水	二类海水	三类海水	四类海水	劣四类海水	主要超标指标
全　国	60.7	16.7	7.7	5.5	9.4	无机氮、活性磷酸盐
渤　海	53.9	28.4	10.1	3.5	4.1	无机氮
黄　海	66.0	14.8	10.5	5.6	3.1	无机氮、活性磷酸盐
东　海	39.6	15.8	10.1	10.4	24.1	无机氮、活性磷酸盐
南　海	78.5	14.2	1.9	1.7	3.8	无机氮、活性磷酸盐

管辖海域海区废弃物倾倒及石油勘探开发污染物排放入海情况

海　区	海洋废弃物/万米³	生产水/万米³	泥浆/米³	钻屑/米³	机舱污水/米³	食品废弃物/吨	含油钻屑/米³	生活污水/万米³
全　国	26 157	21 723	97 328	141 001	1 021	—	—	93
渤　海	4 055	439	14 567	49 078	0	—	—	39
黄　海	3 327	0	0	0	0	—	—	0
东　海	10 683	272	664	2 975	0	—	—	6
南　海	8 092	21 012	82 097	88 948	1 021	—	—	48

各地区环境影响评价情况

（2020）

地区名称	当年建设项目环境影响评价文件审批数量/项	当年建设项目环境影响登记表备案数量/项	当年审批的建设项目投资总额/万元	当年审批的建设项目环保投资总额/万元
总　计	216 144	979 999	2 078 293 101.9	76 632 572.4
国家级	33	0	66 245 524.8	3 121 188.8
北　京	515	44 072	6 146 776.1	124 729.9
天　津	2 495	29 553	17 189 843.6	610 940.2
河　北	20 373	81 465	128 870 160.3	5 849 465.2
山　西	4 153	14 313	43 344 088.9	2 158 388.4
内蒙古	2 562	19 893	24 377 521.9	1 449 172.5
辽　宁	6 414	15 869	57 359 175.9	2 744 336.8
吉　林	3 533	13 019	31 020 926.2	970 905.7
黑龙江	2 461	8 817	20 201 290.0	809 819.9
上　海	4 285	37 748	32 677 779.0	2 359 769.9
江　苏	21 403	79 241	190 208 895.3	6 742 548.6
浙　江	15 486	33 686	139 710 115.7	2 884 669.8
安　徽	8 523	33 020	121 762 174.8	5 305 373.1
福　建	7 049	15 750	62 890 248.8	1 918 484.1
江　西	8 385	14 569	78 165 394.7	2 140 735.8
山　东	21 816	103 567	187 764 799.3	8 344 757.4
河　南	14 056	63 758	103 097 054.6	3 313 286.7
湖　北	2 147	35 464	52 168 053.7	1 861 062.0
湖　南	5 560	22 676	53 037 569.3	1 621 459.4
广　东	25 227	64 487	126 198 371.1	5 292 087.9
广　西	5 094	16 307	83 033 726.2	2 488 401.5
海　南	1 101	3 436	20 895 553.2	525 854.2
重　庆	3 467	15 824	52 070 896.5	1 044 485.4
四　川	8 263	45 763	110 874 765.4	2 726 635.1
贵　州	3 306	19 771	40 301 531.6	1 222 940.2
云　南	4 305	34 496	63 386 066.9	2 063 769.0
西　藏	444	8 850	3 598 779.0	29 500.6
陕　西	4 578	25 740	66 808 508.2	2 830 207.2
甘　肃	2 161	50 803	35 507 088.9	1 013 228.1
青　海	863	5 735	10 897 964.3	498 321.9
宁　夏	1 322	5 513	13 795 087.6	1 021 480.2
新　疆	4 764	16 794	34 687 370.0	1 544 566.7

各地区环境监测情况（一）

（2020）

地区名称	监测用房面积/米²	监测业务经费/万元	环境监测—监测仪器设备数量/台（套）	环境监测—监测仪器设备原值总值/万元	环境空气监测点位数/个	国控监测点位	酸雨监测点位/个	沙尘天气影响环境质量监测点位数/个
总　计	3 947 149	2 305 699.4	334 141	5 956 750.6	12 520	1 734	1 130	57
国家级	14 954	118 526.9	1 183	17 249.1	1 734	1 734	—	—
北　京	5 791	10 968.3	3 625	24 028.1	159	24	3	1
天　津	47 930	31 131.5	4 375	48 943.9	294	21	9	1
河　北	176 124	85 731.4	18 240	150 978.9	2 454	76	25	3
山　西	113 610	138 017.3	15 246	269 057.9	262	65	24	2
内蒙古	182 014	14 223.4	7 998	52 442.3	54	49	24	4
辽　宁	121 851	28 734.5	15 197	822 065.7	175	79	84	9
吉　林	79 860	10 343.7	8 028	67 910.7	65	34	22	5
黑龙江	82 935	13 500.8	5 668	40 782.1	86	63	34	0
上　海	97 988	101 695.3	8 494	128 218.8	96	19	21	0
江　苏	257 020	79 166.7	17 431	324 655.6	192	95	111	0
浙　江	164 748	185 637.7	20 676	191 874.5	171	57	26	0
安　徽	116 384	37 183.9	7 318	469 419.3	313	80	40	0
福　建	113 213	140 720.8	11 888	87 858.7	219	42	47	0
江　西	158 507	112 617.8	3 213	519 640.5	18	64	22	0
山　东	188 822	117 178.3	16 162	150 357.1	1 754	106	49	2
河　南	179 292	103 963.6	19 774	155 232.9	1 914	100	50	0
湖　北	129 072	113 851.9	10 315	121 946.2	136	59	45	0
湖　南	143 861	59 378.8	10 025	84 705.3	328	79	72	0
广　东	287 922	141 859.7	27 254	243 467.3	379	133	49	0
广　西	139 300	48 913.6	11 426	103 748.4	141	62	58	0
海　南	26 240	28 816.2	3 410	34 389.8	97	12	27	0
重　庆	92 377	47 260.5	14 642	293 542.9	87	36	49	0
四　川	278 814	177 522.0	25 493	219 529.4	295	104	67	0
贵　州	136 280	34 439.7	10 039	574 065.3	169	36	26	0
云　南	177 900	30 748.2	16 403	71 831.4	166	46	36	0
西　藏	19 782	9 748.8	1 489	8 068.6	92	18	3	0
陕　西	133 458	19 795.5	5 143	39 611.5	221	55	26	4
甘　肃	76 758	12 833.9	4 999	36 672.7	121	39	31	9
青　海	18 760	16 342.6	1 779	22 750.5	45	11	11	0
宁　夏	34 572	16 724.8	834	19 092.4	110	23	10	5
新　疆	151 007	218 121.4	6 374	562 612.9	173	47	29	12

各地区环境监测情况（二）

（2020）

单位：个

地区名称	地表水水质监测断面（点位）数量	国控断面数	集中式饮用水水源地监测点位数量	地表水监测点位数量	地下水监测点位数量	近岸海域监测点位数量
总　计	12 305	2 332	6 166	4 371	1 795	1 183
北　京	340	33	110	9	101	—
天　津	129	27	35	6	29	18
河　北	212	99	252	18	234	32
山　西	211	70	176	20	156	—
内蒙古	85	27	75	4	71	—
辽　宁	318	117	127	51	76	158
吉　林	162	84	59	38	21	—
黑龙江	420	107	46	22	24	—
上　海	1 397	46	5	5	0	62
江　苏	89	18	6	6	0	95
浙　江	833	114	150	149	1	171
安　徽	516	142	123	106	17	0
福　建	381	76	130	127	3	142
江　西	36	17	25	24	1	—
山　东	867	0	275	168	107	180
河　南	466	131	183	64	119	—
湖　北	648	124	89	88	1	—
湖　南	476	85	140	121	19	—
广　东	992	156	279	272	7	218
广　西	213	89	70	64	6	41
海　南	142	33	255	153	102	66
重　庆	821	109	1 317	1 148	169	—
四　川	689	119	1 304	1 079	225	—
贵　州	232	60	237	204	33	—
云　南	655	138	242	235	7	—
西　藏	204	50	20	5	15	—
陕　西	197	48	59	40	19	—
甘　肃	187	53	147	75	72	—
青　海	71	18	29	13	16	—
宁　夏	4	4	6	1	5	—
新　疆	312	138	195	56	139	—

各地区环境监测情况（三）

（2020）

地区 名称	开展声环境质量 监测的点位数量/ 个	区域声环境质量 监测点位数量	道路交通声环境 监测点位数量	功能区声环境质量 监测点位数量	开展污染源监督性 监测的重点企业数 量/家
总　计	228 528	168 650	46 851	13 027	45 753
北　京	2 106	1 663	392	51	669
天　津	1 523	947	489	87	500
河　北	8 949	6 162	2 376	411	5 292
山　西	7 092	5 085	1 573	434	974
内蒙古	4 225	2 740	1 317	168	291
辽　宁	9 834	7 437	1 665	732	1 609
吉　林	7 868	5 768	1 758	342	108
黑龙江	8 775	6 055	1 900	820	311
上　海	496	249	195	52	1 562
江　苏	7 071	4 672	2 072	327	5 726
浙　江	14 060	10 612	2 806	642	3 730
安　徽	3 099	2 181	773	145	1 229
福　建	9 690	7 980	1 461	249	1 378
江　西	3 012	2 212	575	225	76
山　东	16 521	12 220	3 270	1 031	5 938
河　南	4 589	3 539	949	101	1 696
湖　北	11 004	7 821	2 821	362	1 124
湖　南	11 995	9 024	2 379	592	780
广　东	13 134	9 579	3 229	326	4 878
广　西	13 380	10 174	2 255	951	765
海　南	2 160	1 724	388	48	252
重　庆	5 051	3 755	1 011	285	832
四　川	16 283	13 390	2 162	731	2 030
贵　州	10 599	7 677	1 976	946	553
云　南	15 376	11 643	2 888	845	988
西　藏	975	549	218	208	33
陕　西	3 587	2 043	681	863	430
甘　肃	8 020	5 730	1 636	654	542
青　海	741	575	151	15	184
宁　夏	1 032	754	241	37	305
新　疆	6 281	4 690	1 244	347	968

各地区生态环境执法情况（一）

（2020）

地区名称	已实施自动监控的重点排污单位数量/家	已实施自动监控的重点排污单位中排放口数量/个		已实施自动监控的重点排污单位中监控设备与生态环境部门稳定联网数量/家				
		水排放口数量	气排放口数量	COD监控设备与生态环境部门稳定联网数量	NH₃-N监控设备与生态环境部门稳定联网数量	SO₂监控设备与生态环境部门稳定联网数量	NOₓ监控设备与生态环境部门稳定联网数量	烟尘监控设备与生态环境部门稳定联网数量
总　计	31 209	20 001	32 051	19 434	18 176	22 274	22 515	26 741
北　京	415	190	950	188	188	142	744	162
天　津	685	297	1 263	295	294	261	826	386
河　北	2 744	1 703	3 298	1 690	1 579	2 294	2 278	3 109
山　西	712	287	1 549	287	286	1 142	976	1 491
内蒙古	768	275	1 197	275	262	1 024	962	1 156
辽　宁	1 347	597	1 745	584	576	1 421	1 326	1 657
吉　林	458	219	683	218	209	579	578	643
黑龙江	416	229	437	229	219	396	381	436
上　海	422	328	500	307	274	189	238	134
江　苏	2 865	2 476	1 357	2 370	2 038	1 130	1 136	1 278
浙　江	2 369	1 967	1 203	1 866	1 762	734	758	776
安　徽	1 531	1 026	1 293	975	883	919	883	1 124
福　建	694	513	612	471	423	431	448	548
江　西	786	580	529	579	546	368	362	482
山　东	4 306	2 131	5 037	2 120	2 063	3 708	3 598	4 156
河　南	1 202	812	1 699	801	765	1 067	1 027	1 470
湖　北	963	699	711	672	622	505	439	616
湖　南	637	476	430	443	405	358	325	389
广　东	2 736	2 144	1 647	2 063	1 977	1 189	1 231	1 257
广　西	547	360	638	347	325	408	428	627
海　南	166	127	151	127	127	98	106	125
重　庆	461	349	345	345	334	268	260	314
四　川	1 240	853	1 104	836	715	762	671	969
贵　州	469	293	484	283	273	343	312	455
云　南	508	295	546	293	287	383	318	520
陕　西	610	294	873	294	282	678	660	755
甘　肃	309	157	486	152	150	350	284	435
青　海	63	25	111	25	23	92	56	111
宁　夏	168	86	259	86	85	236	220	258
新　疆	612	213	914	213	204	799	684	902

各地区生态环境执法情况（二）

（2020）

地区名称	纳入日常监管随机抽查信息库的污染源数量/家	日常监管随机抽查污染源数量/家	下达处罚决定书数量/个	罚没额数额/万元
总　计	1 252 396	661 440	126 135	823 570.7
北　京	79 104	146 251	4 890	10 698.1
天　津	51 994	8 073	1 793	12 964.0
河　北	79 536	61 008	25 496	93 645.1
山　西	27 960	19 042	2 570	25 035.1
内蒙古	6 922	7 301	3 173	25 470.8
辽　宁	20 183	14 697	3 265	21 780.8
吉　林	31 408	10 257	938	2 708.0
黑龙江	14 837	8 929	372	3 350.9
上　海	51 679	7 022	889	10 735.5
江　苏	132 942	47 298	12 313	97 937.2
浙　江	82 543	25 827	7 107	63 718.9
安　徽	31 503	16 321	2 257	16 698.7
福　建	30 396	14 997	2 292	18 242.5
江　西	9 772	6 232	1 728	14 128.2
山　东	237 722	38 657	12 513	70 959.5
河　南	45 991	30 472	12 332	46 216.9
湖　北	17 911	13 455	1 364	21 150.8
湖　南	26 983	25 616	2 361	14 124.1
广　东	133 733	31 996	12 108	129 469.2
广　西	12 282	10 191	1 903	11 877.8
海　南	1 896	1 409	268	5 341.9
重　庆	16 532	7 761	1 757	10 936.9
四　川	41 283	29 549	2 992	20 176.3
贵　州	22 538	11 609	1 205	13 984.7
云　南	9 214	14 432	2 312	20 211.4
西　藏	2 404	12 899	282	1 564.9
陕　西	10 179	9 757	3 200	23 172.2
甘　肃	8 201	13 017	920	5 497.7
青　海	1 512	1 344	220	2 695.8
宁　夏	2 025	3 481	479	3 532.4
新　疆	11 211	12 540	836	5 544.5

各地区生态环境执法情况（三）

（2020）

地区 名称	举办环境执法岗位 培训班期数量/期	环境执法岗位培训人数/人	举办其他环境执法 业务培训期数量/期	环境执法其他业务 培训人数/人
总　计	57	11 244	4 702	180 740
国家级	4	755	32	28 773
北　京	1	179	94	10 272
天　津	1	215	89	2 745
河　北	0	0	64	1 011
山　西	3	280	269	6 525
内蒙古	3	392	53	3 237
辽　宁	0	0	248	6 702
吉　林	2	400	69	2 222
黑龙江	3	750	42	402
上　海	1	70	163	5 057
江　苏	4	600	14	3 000
浙　江	3	663	197	12 303
安　徽	5	870	9	1 555
福　建	0	0	15	620
江　西	0	0	32	197
山　东	2	2 993	538	20 277
河　南	0	0	795	12 013
湖　北	1	162	390	7 988
湖　南	0	0	109	4 596
广　东	2	513	433	16 854
广　西	4	448	220	6 734
海　南	0	0	9	108
重　庆	1	225	109	8 392
四　川	1	418	159	7 519
贵　州	0	0	8	116
云　南	2	167	1	174
西　藏	7	386	10	406
陕　西	0	0	258	6 698
甘　肃	2	240	192	2 361
青　海	1	100	31	615
宁　夏	1	100	36	773
新　疆	3	318	14	495

各地区环境应急情况

（2020）

单位：次

地区名称	突发环境事件数量	特别重大环境事件数量	重大环境事件数量	较大环境事件数量	一般环境事件数量
总　计	208	0	2	8	198
北　京	8	0	0	0	8
天　津	1	0	0	0	1
河　北	2	0	0	0	2
山　西	17	0	0	0	17
内蒙古	2	0	0	0	2
辽　宁	5	0	0	0	5
吉　林	0	0	0	0	0
黑龙江	1	0	1	0	0
上　海	0	0	0	0	0
江　苏	12	0	0	0	12
浙　江	10	0	0	0	10
安　徽	10	0	0	2	8
福　建	6	0	0	0	6
江　西	5	0	0	0	5
山　东	3	0	0	1	2
河　南	5	0	0	0	5
湖　北	9	0	0	0	9
湖　南	7	0	0	1	6
广　东	24	0	0	0	24
广　西	3	0	0	0	3
海　南	1	0	0	0	1
重　庆	8	0	0	0	8
四　川	17	0	0	2	15
贵　州	11	0	1	0	10
云　南	3	0	0	0	3
西　藏	0	0	0	0	0
陕　西	10	0	0	1	9
甘　肃	5	0	0	0	5
青　海	0	0	0	0	0
宁　夏	12	0	0	0	12
新　疆	11	0	0	1	10

主要城市环境保护情况（一）

城　　市	二氧化硫年平均浓度/（微克/米³）	二氧化氮年平均浓度/（微克/米³）	可吸入颗粒物（PM₁₀）年平均浓度/（微克/米³）	一氧化碳日均值第95百分位浓度/（微克/米³）	臭氧日最大8小时第90百分位浓度/（微克/米³）	细颗粒物（PM₂.₅）年平均浓度/（微克/米³）	空气质量达到及好于二级的天数/天
北　京	4	29	56	1.3	174	38	276
天　津	8	39	68	1.7	190	48	245
石 家 庄	12	41	101	2.1	180	58	205
太　原	17	45	95	1.8	186	54	224
呼和浩特	13	33	71	2.4	141	40	294
沈　阳	18	35	74	1.7	154	42	287
长　春	10	32	59	1.3	126	42	305
哈 尔 滨	17	32	64	1.4	121	47	303
上　海	6	37	41	1.1	152	32	319
南　京	7	36	56	1.1	167	31	304
杭　州	6	38	55	1.1	151	30	334
合　肥	7	39	56	1.1	144	36	311
福　州	5	21	38	0.9	128	21	364
南　昌	9	29	58	1.0	147	33	335
济　南	13	36	88	1.6	188	50	223
郑　州	9	39	84	1.4	182	51	230
武　汉	8	36	58	1.2	150	37	309
长　沙	7	27	48	1.2	146	41	309
广　州	7	36	43	1.0	160	23	331
南　宁	8	24	46	1.0	118	26	357
海　口	4	11	29	0.8	120	14	361
重　庆	8	39	53	1.1	150	33	331
成　都	6	37	64	1.0	169	41	280
贵　阳	10	18	41	0.9	113	23	362
昆　明	9	26	42	0.9	126	24	366
拉　萨	7	19	29	1.0	118	12	366
西　安	8	41	88	1.5	159	51	250
兰　州	15	47	76	2.0	150	34	312
西　宁	15	36	61	2.3	130	35	337
银　川	14	35	72	1.8	148	36	301
乌鲁木齐	9	36	75	2.2	123	47	279

主要城市环境保护情况（二）

城　市	道路交通声环境监测					区域声环境监测		
	路段总长度/米	超70dB(A)路段长度/米	超70dB(A)路段长度百分比/%	路段平均路宽/米	噪声等效声级 dB(A)	网格边长/米	网格总数/个	等效声级/dB(A)
北　京	959 868	340 712	35.5	32.9	69	2 500	185	53.6
天　津	499 587	84 334	16.9	28.8	66.7	1 000	340	53.3
石 家 庄	399 247	82 486	20.7	18.5	67.3	1 000	400	53.7
太　原	134 461	6 575	4.9	42.3	66.8	750	232	53
呼和浩特	234 206	74 352	31	33.5	68.1	1 200	129	53
沈　阳	144 000	75 850	52.7	39.5	70	750	240	55.7
长　春	279 749	108 987	39	29.1	69.7	1 500	120	55.2
哈 尔 滨	120 200	72 000	59.9	16.5	70.3	700	216	58
上　海	197 231	67 240	34.1	31.9	68.2	2 000	247	54.2
南　京	280 206	31 517	11.2	30.2	66.8	1 500	330	53.5
杭　州	707 850	171 370	24.2	36.3	67.6	1 000	231	56.3
合　肥	591 699	244 654	41.3	34.9	69.1	1 000	369	57.9
福　州	335 320	112 740	33.6	27.1	68.3	1 000	232	57
南　昌	248 728	35 072	14.1	37.5	66.2	1 000	217	53.8
济　南	191 282	55 308	28.9	51.2	69.1	400	416	55.1
郑　州	131 325	40 242	30.6	41.6	68.5	500	335	55.4
武　汉	396 728	114 419	28.8	25.9	68.2	1 000	451	55.9
长　沙	355 660	143 840	40.4	35.6	69.3	1 000	124	54.3
广　州	1 021 966	366 362	35.8	28	69.3	2 000	276	55.7
南　宁	159 709	51 118	32	53.2	68.5	1 400	114	53.3
海　口	437 477	110 896	25.3	38.2	67.7	1 150	117	57.5
重　庆	533 890	10 990	2.1	23.6	65.3	1 200	491	52.2
成　都	214 840	69 794	32.5	41.3	69.6	1 800	146	54.6
贵　阳	650 577	260 440	40	36.3	69.7	1 000	346	55.2
昆　明	296 353	62 191	21	35.3	67.3	1 200	228	53.9
拉　萨	52 950	4 300	8.1	19.5	67.7	500	195	57.1
西　安	199 767	75 127	37.6	37.7	69.4	750	200	55.8
兰　州	123 326	17 882	14.5	23.1	68.8	500	212	54.1
西　宁	85 680	10 340	12.1	16.9	68.3	1 250	128	52.5
银　川	198 800	22 820	11.5	36.8	66.6	1 000	214	52.6
乌鲁木齐	265 386	0	0	26.8	61.5	1 000	224	55

主要城市环境保护情况（三）

城　市	区域声环境声源构成							
	交通运输噪声		工业噪声		建筑施工噪声		社会生活噪声	
	所占比例/%	平均声级/dB（A）	所占比例/%	平均声级/dB（A）	所占比例/%	平均声级/dB（A）	所占比例/%	平均声级/dB（A）
北　京	21.1	57.3	5.4	57	0.5	59	73	52.2
天　津	12.9	57.9	13.8	54.1	2.6	54.9	70.6	52.3
石 家 庄	6.2	55.5	—	—	0.2	51.5	93.5	53.6
太　原	39.2	55.2	2.6	54.7	3	54.1	55.2	51.3
呼和浩特	20.2	59.1	3.9	54.6	6.2	57.7	69.8	50.7
沈　阳	12.5	56.8	6.7	58.4	2.9	55.6	77.9	55.2
长　春	26.7	63.4	3.3	56.2	1.7	60.8	68.3	51.9
哈 尔 滨	16.7	68.5	2.3	55.2	1.4	58.4	79.6	55.9
上　海	14.1	56.6	11.6	56.2	0.8	56.8	73.5	53.3
南　京	33.9	54.5	15.2	55	0.6	55.9	50.3	52.3
杭　州	18.6	57.8	19	54.8	2.2	54.5	60.2	56.4
合　肥	20.3	58.3	23.6	58.4	3.5	57.7	52.6	57.6
福　州	15.1	61.7	11.2	55.4	7.8	56.7	65.9	56.3
南　昌	6.9	56	12.9	56.1	1.8	57.3	78.3	53.1
济　南	6.2	55.1	4.1	54.9	1.4	55.3	88.2	55.1
郑　州	17.9	57	—	—	3	59.6	79.1	54.8
武　汉	14	58.9	14.2	59	4	56.8	67.8	54.6
长　沙	13.7	55.8	0.8	56.8	8.1	56.5	77.4	53.8
广　州	25	58.5	15.6	56.3	2.9	59	56.5	54.2
南　宁	28.1	55.4	—	—	11.4	54.6	60.5	52
海　口	14.5	61.5	0.9	53.2	2.6	61.8	82.1	56.7
重　庆	10	54.1	24.6	52.3	2.4	53.7	62.9	51.7
成　都	16.4	57.9	5.5	55.4	0.7	54.5	77.4	53.9
贵　阳	38.2	57.1	3.8	56.2	7.2	56.4	50.9	53.6
昆　明	35.1	56.5	5.7	50.9	2.2	54.6	57	52.6
拉　萨	—	—	—	—	—	—	—	—
西　安	18.5	57.6	11.5	54.6	9	54.2	61	55.6
兰　州	25.5	54.7	2.8	52.9	0.5	60.6	71.2	53.9
西　宁	26.6	52.9	10.9	53.1	5.5	52.9	57	52.1
银　川	21.5	55.2	9.3	52.9	1.4	55	67.8	51.7
乌鲁木齐	27.2	55.6	15.2	54.6	3.6	55.9	54	54.8

主要水系水质状况评价情况

（按监测断面统计）

主要水系	监测断面个数/个	分类水质断面占全部断面百分比/%					
		I 类	II 类	III类	IV类	V类	劣V类
长 江	510	8.2	67.8	20.6	2.9	0.4	0.0
黄 河	137	6.6	56.2	21.9	12.4	2.9	0.0
珠 江	165	9.1	67.3	16.4	6.1	1.2	0.0
松花江	108	0.0	18.5	63.9	17.6	0.0	0.0
淮 河	180	0.0	20.6	58.3	20.0	1.1	0.0
海 河	161	10.6	26.7	26.7	27.3	8.1	0.6
辽 河	103	3.9	40.8	26.2	27.2	1.9	0.0

重点评价湖泊水库水质状况（一）

湖泊名称	所在行政区	总体水质状况	主要超标项目	营养状况
白洋淀	河北省	轻度污染	总磷、化学需氧量、高锰酸盐指数	轻度富营养
衡水湖	河北省	良好	—	轻度富营养
乌梁素海	内蒙古自治区	良好	—	中营养
小兴凯湖	黑龙江省	轻度污染	总磷	轻度富营养
兴凯湖	黑龙江省	中度污染	总磷	中营养
镜泊湖	黑龙江省	良好	—	中营养
淀山湖	上海市	轻度污染	总磷	轻度富营养
高邮湖	江苏省	轻度污染	总磷	轻度富营养
阳澄湖	江苏省	轻度污染	总磷	轻度富营养
洪泽湖	江苏省	轻度污染	总磷	轻度富营养
太湖	江苏省	轻度污染	总磷	轻度富营养
白马湖	江苏省	良好	—	轻度富营养
骆马湖	江苏省	良好	—	轻度富营养
东钱湖	浙江省	良好	—	轻度富营养
西湖	浙江省	良好	—	中营养
龙感湖	安徽省	良好	—	轻度富营养
巢湖	安徽省	轻度污染	总磷	轻度富营养
南漪湖	安徽省	良好	—	轻度富营养
菜子湖	安徽省	良好	—	中营养
焦岗湖	安徽省	轻度污染	高锰酸盐指数、总磷	轻度富营养
武昌湖	安徽省	良好	—	中营养
升金湖	安徽省	良好	—	轻度富营养
瓦埠湖	安徽省	良好	—	轻度富营养
黄大湖	安徽省	良好	—	中营养
花亭湖	安徽省	优	—	中营养
仙女湖	江西省	轻度污染	总磷	轻度富营养
鄱阳湖	江西省	轻度污染	总磷	中营养
柘林湖	江西省	优	—	中营养
东平湖	山东省	良好	—	轻度富营养
南四湖	山东省	良好	—	中营养
高唐湖	山东省	优	—	中营养
洪湖	湖北省	轻度污染	总磷、化学需氧量、高锰酸盐指数	中度富营养

160

重点评价湖泊水库水质状况（二）（续表）

湖泊名称	所在行政区	总体水质状况	主要超标项目	营养状况
斧头湖	湖北省	良好	—	轻度富营养
梁子湖	湖北省	良好	—	中营养
大通湖	湖南省	轻度污染	总磷	轻度富营养
洞庭湖	湖南省	轻度污染	总磷	中营养
邛海	四川省	优	—	中营养
百花湖	贵州省	优	—	中营养
红枫湖	贵州省	优	—	中营养
万峰湖	贵州省	优	—	中营养
杞麓湖	云南省	重度污染	化学需氧量、总磷、高锰酸盐指数	中度富营养
星云湖	云南省	中度污染	总磷、化学需氧量、高锰酸盐指数	中度富营养
异龙湖	云南省	中度污染	化学需氧量、高锰酸盐指数、五日生化需氧量	中度富营养
滇池	云南省	轻度污染	化学需氧量、总磷、高锰酸盐指数	中度富营养
程海	云南省	重度污染	氟化物、化学需氧量	中营养
阳宗海	云南省	优	—	中营养
洱海	云南省	优	—	中营养
抚仙湖	云南省	优	—	贫营养
泸沽湖	云南省	优	—	贫营养
班公错	西藏自治区	优	—	中营养
纳木错	西藏自治区	—	—	—
色林错	西藏自治区	良好	—	—
羊卓雍错	西藏自治区	优	—	贫营养
沙湖	宁夏回族自治区	良	—	中营养
香山湖	宁夏回族自治区	优	—	中营养
艾比湖	新疆维吾尔自治区	—	—	重度富营养
乌伦古湖	新疆维吾尔自治区	重度污染	氟化物、化学需氧量	中营养
赛里木湖	新疆维吾尔自治区	良好	—	中营养
博斯腾湖	新疆维吾尔自治区	轻度污染	化学需氧量	中营养

14

主要生态环境统计指标解释

14.1 工业企业污染排放及处理利用情况

取水量指调查年度从各种水源提取的并用于工业生产活动的水量总和，包括城市自来水用量、自备水（地表水、地下水和其他水）用量、水利工程供水量，以及企业从市场购得的其他水（如其他企业回用水量）。不包括企业自取的海水和苦咸水等以及企业为外供给市场的水的产品（如蒸汽、热水、地热水等）而取用的水量，也不包括对天然水、污水、海水，以及雨水、微咸水等类似水进行收集、处理后作为产品供应和利用而取用的水量。

工业生产活动用水主要包括工业生产用水、辅助生产（包括机修、运输、空压站等）用水。厂区附属生活用水（厂内绿化、职工食堂、浴室、保健站、生活区居民家庭用水、企业附属幼儿园、学校、游泳池等的用水量）如果单独计量且生活污水不与工业废水混排的水量不计入取水量。

煤炭消耗量指调查年度企业所用煤炭的总消耗量。

燃料煤消耗量指调查年度企业厂区内用作燃料的煤炭消耗量（实物量），包括企业厂区内生产、生活用燃料煤，也包括砖瓦、石灰等产品生产用的内燃煤，不包括在生产工艺中用作原料并能转换成新的产品实体的煤炭消耗量。例如转换为水泥、焦炭、煤气、碳素、活性炭、氮肥的煤炭。

燃料油消耗量（不含车船用）指调查年度企业用作燃料的原油、汽油、柴油、煤油等各种油料总消耗量，不包括车船交通用油量。

焦炭消耗量指调查年度企业消耗的焦炭总量。

天然气消耗量指调查年度企业用作燃料的天然气消耗量。

工业锅炉数量指调查年度企业厂区内用于生产和生活的大于1蒸吨（含1蒸吨）的蒸汽锅炉、热水锅炉总台数和总蒸吨数，包括燃煤、燃油、燃气的锅炉，不包括茶炉。

其中：

20蒸吨以上的指调查年度企业厂区内用于生产和生活的大于20蒸吨的蒸汽锅炉、热水锅炉总台数和总蒸吨数。

安装脱硫设施的指调查年度企业厂区内用于生产和生活的大于20蒸吨的蒸汽锅炉、热水锅炉中安装了脱硫设施的总台数和总蒸吨数。

10～20（含）蒸吨的指调查年度企业厂区内用于生产和生活的大于10蒸吨小于20蒸吨（含20蒸吨）的蒸汽锅炉、热水锅炉总台数和总蒸吨数。

10（含）蒸吨以下的指调查年度企业厂区内用于生产和生活的小于10蒸吨（含10蒸吨）的蒸汽锅炉、热水锅炉总台数和总蒸吨数。

工业炉窑数量指调查年度企业生产用的炉窑总数，如炼铁高炉、炼钢炉、冲天炉、烘干炉窑、锻造加热炉、水泥窑、石灰窑等。

主要产品生产情况指调查年度企业生产的符合产品质量要求的实物生产情况。产品品种只限于正式投产的产品，不包括试制新产品、科研产品以及正式投产以前试生产的产品。填写在生产过程中与污染物产生密切相关的5种产品或中间产品的规范名称、计量单位及实际产量。

工业废水排放量指调查年度经过企业厂区所有排放口排到企业外部的工业废水量。包括生产废水、外排的直接冷却水、废气治理设施废水、超标排放的矿井水和与工业废水混排的厂区生活污水，不包括独立外排的间接冷却水（清污不分流的间接冷却水应计算在内）。

直接冷却水指在生产过程中，为满足工艺过程需要，使产品或半成品冷却所用与之直接接触的冷却水（包括调温、调湿使用的直流喷雾水）。

间接冷却水指在工业生产过程中，为保证生产设备能在正常温度下工作，用来吸收或转移生产设备的多余热量，所使用的冷却水（此冷却用水与被冷却介质之间由热交换器壁或设备隔开）。

直接排入环境的指废水经过工厂的排污口或经过下水道直接排入环境中，包括排入海、河流、湖泊、水库、蒸发地、渗坑以及农田等。对应的排水去向代码为A、B、C、D、F、G、K。

排入污水处理厂的指企业产生的废水直接或间接经市政管网排入污水处理厂的废水量，包括排入城镇污水处理厂、工业废水集中处理厂以及其他单位的污水治理设施的废水量。对应的排水去向代码为E、L、H。

工业废水处理量指经各种水治理设施（含城镇污水处理厂、工业废水处理厂）实际处理的工业废水量，包括处理后外排的和处理后回用的工业废水量。虽经处理但未达到国家或地方排放标准的废水量也应计算在内。计算时，如遇有车间和厂排放口均有治理设施，并对同一废水分级处理时，不应重复计算工业废水处理量。

工业废水中污染物产生量指调查年度调查对象生产过程中产生的未经过处理的废水中所含的化学需氧量、氨氮、总氮、总磷、石油类、挥发酚、氰化物等污染物和砷、铅、汞、镉、六价铬、总铬等重金属本身的纯质量。它可采用产排污系数根据生产的产品产量或原辅料用量计算求得，也可以通过工业废水产生量和其中污染物的浓度相乘求得，计算公式为

污染物产生量（纯质量）＝工业废水产生量×废水治理设施入口污染物的平均浓度（无治理设施可使用排口浓度）

计算砷、铅、汞、镉、六价铬、总铬等重金属污染物时，上述计算公式中"工业废水产生量"为产生重金属废水的车间年实际产生的废水量，"废水治理设施入口污染物的平均浓度"为该车间废水治理设施入口的年实际加权平均浓度，如没有设施则为车间排口的年实际加权平均浓度。

工业废水中污染物排放量指调查年度企业排放的工业废水中所含化学需氧量、氨氮、总氮、总磷、石油类、挥发酚、氰化物等污染物和砷、铅、汞、镉、六价铬等重金属本身的纯质量。它可采用产排污系数根据生产的产品产量或原辅料用量计算求得，也可以通过工业废水排放量和其中污染物的浓度相乘求得，计算公式为

污染物排放量（纯质量）＝工业废水排放量×排放口污染物的平均浓度

（1）如企业排出的工业废水经城镇污水处理厂或工业废水处理厂集中处理的，计算化学需氧量、氨氮、总氮、总磷、石油类、挥发酚、氰化物等污染物时，上述计算公式中"排放口污染物的平均浓度"即为污水处理厂排放口的年实际加权平均浓度。如果厂界排放浓度低于污水处理厂的排放浓度，以污水处理厂的排放浓度为准。

（2）计算砷、铅、汞、镉、六价铬等重金属污染物时，上述计算公式中"工业废水排放量"为车间排放口的年实际废水量，"排放口污染物的平均浓度"为车间排放口的年实际加权平均浓度。

工业废气排放量指调查年度企业厂区内排入空气中含有污染物的气体的总量，以标准状态（273开尔文，101 325帕斯卡）计。

废气污染物产生量指调查年度调查对象相应生产线生产过程中产生的未经过处理的废气中所含的污染物的质量，如二氧化硫、氮氧化物、颗粒物、挥发性有机物。

颗粒物产生量指生产过程中产生的未经过处理的废气中所含的烟尘及工业粉尘的总质量。烟尘是指通过燃烧煤、石煤、柴油、木柴、天然气等产生的烟气中的尘粒。通过有组织排放的，俗称烟道尘。工业粉尘指在生产工艺过程中排放的能在空气中悬浮一定时间的固体颗粒，如钢铁企业耐火材料粉尘、焦化企业的筛焦系统粉尘、烧结机的粉尘、石灰窑的粉尘、建材企业的水泥粉尘等。

废气污染物排放量指调查年度调查对象在生产过程中排入大气的废气污染物的质量。

废水治理设施数量指调查年度企业用于防治水污染和经处理后综合利用水资源的实有设施（包括构筑物）数量，以一个废水治理系统为单位统计。附属于设施内的水治理设备和配套设备不单独计算。备用的、调查年度未运行的、已经报废的设施不统计在内。

只填报企业内部的废水治理设施，工业废水排入的城镇污水处理厂、集中工业废水处理厂不能算作企业的废水治理设施；企业内的废水治理设施包括一级处理设施、二级处理设施和三级处理设施，如企业有2个排污口，1个排污口为一级处理（隔油池、化粪池、沉淀池等），另一个排污口为二级处理（如生化处理），则该企业有2套废水治理设施；若该企业只有1个排污口，经由该排污口的废水先经过一级处理，再经二级（甚至三级）处理后外排，则该企业视为1套废水治理设施。即针对同一股废水的所有水治理设备均视为1套治理设施，针对不同废水的水治理设备可视为多套治理设施；填报的废水治理设施应为废水污染物统计指标范围内的设施。

废水治理设施处理能力指调查年度企业内部的所有废水治理设施具有的废水处理能力。

废水治理设施运行费用指调查年度企业维持废水治理设施运行所产生的费用。包括能源消耗、设备维修、人员工资、管理费、药剂费及与设施运行有关的其他费用等。

废气治理设施数量指调查年度企业用于减少排向大气的污染物或对污染物加以回收利用的废气治理设施总数，以一个废气治理系统为单位统计。包括除尘、脱硫、脱硝等废气污染物统计指标范围内的设施。备用的、调查年度未运行的、已报废的设施不统计在内。

废气治理设施处理能力指调查年度企业内部的所有废气治理设施具有的废气处理能力。

废气治理设施运行费用指调查年度维持废气治理设施运行所产生的费用。包括能源消耗、设备折旧、设备维修、人员工资、管理费、药剂费及与设施运行有关的其他费用等。

一般工业固体废物产生量指当年全年调查对象实际产生的一般工业固体废物的量。一般工业固体废物指企业在工业生产过程中产生且不属于危险废物的工业固体废物。根据其性质分为两种：

（1）第 I 类一般工业固体废物：按照《固体废物浸出毒性浸出方法 水平振荡法》（HJ 557—2010）规定方法获得的浸出液中任何一种特征污染物浓度均未超过《污水综合排放标准》（GB 8978—1996）最高允许排放浓度（第二类污染物最高允许排放浓度按照一级标准执行），且 pH 为6~9的一般工业固体废物；

（2）第 II 类一般工业固体废物：按照 HJ 557—2010规定方法获得的浸出液中有一种或一种以上的特征污染物浓度超过 GB 8978—1996最高允许排放浓度（第二类污染物最高允许排放浓度按照一级标准执行），或 pH 为6~9的一般工业固体废物。

主要包括：

代码	名称	代码	名称
SW01	冶炼废渣	SW07	污泥
SW02	粉煤灰	—	—
SW03	炉渣	SW09	赤泥
SW04	煤矸石	SW10	磷石膏
SW05	尾矿	SW99	其他废物
SW06	脱硫石膏		

不包括矿山开采的剥离废石和掘进废石（煤矸石和呈酸性或碱性的废石除外）。酸性或碱性废石是指采掘的废石其流经水、雨淋水的 pH 小于4或 pH 大于10.5者。

冶炼废渣指在冶炼生产过程中产生的高炉渣、钢渣、铁合金渣、锰渣等，不包括列入《国家危险废物名录》中的金属冶炼废物。

粉煤灰指从燃煤产生的烟气中收捕下来的细微固体颗粒物，不包括从燃煤设施炉膛排出的灰渣。主要来自电力、热力的生产和供应行业以及其他使用燃煤设施的行业，又称飞灰或烟道灰。主要从烟道气体收集而得，应与其烟尘去除量基本相等。

炉渣指企业燃烧设备从炉膛排出的灰渣，不包括燃料燃烧过程中产生的烟尘。

煤矸石指与煤层伴生的一种含碳量低、比煤坚硬的黑灰色岩石，包括巷道掘进过程中的掘进矸石，采掘过程中从顶板、底板及夹层里采出的矸石以及洗煤过程中挑出的洗矸石。主要来自煤炭开采和洗选行业。

尾矿指矿山选矿过程中产生的有用成分含量低、在当前的技术经济条件下不宜进一步分选的固体废物，包括各种金属和非金属矿石的选矿。主要来自采矿业。

脱硫石膏指废气脱硫的湿式石灰石/石膏法工艺中，吸收剂与烟气中二氧化硫等反应后生成的副产物。

污泥指污水处理厂污水处理中排出的、以干泥量计的固体沉淀物，不包括列入《国家危险废物名

166

录》属于危险废物的污泥。

赤泥指含铝的矿物原料制取氧化铝或氢氧化铝后所产生的废渣。

磷石膏指在磷酸生产中用硫酸分解磷矿时产生的二水硫酸钙、酸不溶物，未分解磷矿及其他杂质的混合物。主要来自磷肥制造业。

其他废物指除上述9类一般工业固体废物以外的未列入《国家危险废物名录》中的固体废物，如机械工业切削碎屑、研磨碎屑、废砂型等，食品工业的活性炭渣，硅酸盐工业和建材工业的砖、瓦、碎砾、混凝土碎块等。

一般工业固体废物产生量计算公式为

一般工业固体废物产生量=（一般工业固体废物综合利用量−其中：综合利用往年贮存量）+一般工业固体废物贮存量+（一般工业固体废物处置量−其中：处置往年贮存量）+ 一般工业固体废物倾倒丢弃量

一般工业固体废物综合利用量指调查年度企业通过回收、加工、循环、交换等方式，从固体废物中提取或者使其转化为可以利用的资源、能源和其他原材料的固体废物量（包括当年利用的往年工业固体废物累计贮存量），如用作农业肥料、生产建筑材料、筑路等。综合利用量由原产生固体废物的单位统计。

工业固体废物综合利用的主要方式：

序号	综合利用方式	序号	综合利用方式
1	铺路	10	再循环/再利用金属和金属化合物
2	建筑材料	11	再循环/再利用其他无机物
3	农肥或土壤改良剂	12	再生酸或碱
4	矿渣棉	13	回收污染减除剂的组分
5	铸石	14	回收催化剂组分
6	其他	15	废油再提炼或其他废油的再利用
7	作为燃料（直接燃烧除外）或以其他方式产生能量	16	其他有效成分回收
8	溶剂回收/再生（如蒸馏、萃取等）	17	用作充填回填材料
9	再循环/再利用不是用作溶剂的有机物		

综合利用往年贮存量指企业在调查年度对往年贮存的工业固体废物进行综合利用的量。

一般工业固体废物贮存量指调查年度企业以综合利用或处置为目的，将固体废物暂时贮存或堆存在专设的贮存设施或专设的集中堆存场所内的量。专设的固体废物贮存场所或贮存设施必须有防扩散、防流失、防渗漏、防止污染大气、水体的措施。

粉煤灰、钢渣、煤矸石、尾矿等的贮存量指排入灰场、渣场、矸石场、尾矿库等贮存的量。

专设的固体废物贮存场所或贮存设施指符合环保要求的贮存场，即选址、设计、建设符合《一般工业固体废物贮存、处置场污染控制标准》（GB 18 599—2001）等相关环保法律法规要求，具有防扩散、防流失、防渗漏、防止污染大气和水体措施的场所和设施。

工业固体废物贮存的主要方式：

序号	贮存方式
1	灰场堆放
2	渣场堆放
3	尾矿库堆放
4	其他贮存（不包括永久性贮存）

一般工业固体废物处置量指调查年度企业将工业固体废物焚烧和用其他改变工业固体废物的物理、化学、生物特性的方法，达到减少或者消除其危险成分的活动，或者将工业固体废物最终置于符合环境保护规定要求的填埋场的活动中，所消纳固体废物的量。

处置方式包括填埋、焚烧、专业贮存场（库）封场处理、深层灌注及海洋处置（经海洋管理部门同意投海处置）等。

处置量包括本单位处置或委托给外单位处置的量，还包括当年处置的往年工业固体废物贮存量。

工业固体废物处置的主要方式：

处置方式
围隔堆存（属永久性处置）
填埋
置放于地下或地上（如填埋、填坑、填浜）
特别设计填埋
海洋处置
经生态环境管理部门同意的投海处置
埋入海床
焚化
陆上焚化
海上焚化
水泥窑协同处置（指将满足或经过预处理后满足入窑要求的固体废物投入水泥窑，在进行水泥熟料生产的同时实现对固体废物的无害化处置过程）
固化
其他处置（属于未在上面5种指明的处置作业方式外的处置）
土地处理（属于生物降解，适用于液态固体废物或污泥固体废物）
地表存放（将液态固体废物或污泥固体废物放入坑、氧化塘、池中）
生物处理
物理化学处理
经生态环境管理部门同意的排入海洋之外的水体（或水域）
其他处理方法

处置往年贮存量指调查年度企业按照《关于固体废物处置、综合利用的作业方式的规定》的要求，处置的上一调查年度末企业累计贮存的工业固体废物的量。

一般工业固体废物倾倒丢弃量指调查年度企业将所产生的固体废物倾倒或者丢弃到固体废物污染防治设施、场所以外的量。倾倒丢弃方式包括：

（1）向水体排放的固体废物；

（2）在江河、湖泊、运河、渠道、海洋的滩场和岸坡倾倒、堆放和存贮废物；

（3）利用渗井、渗坑、渗裂隙和溶洞倾倒废物；

（4）向路边、荒地、荒滩倾倒废物；

（5）未经生态环境部门同意作填坑、填河和土地填埋固体废物；

（6）混入生活垃圾进行堆置的废物；

（7）未经生态环境管理部门批准同意，向海洋倾倒废物；

（8）其他去向不明的废物；

（9）深层灌注。

一般工业固体废物倾倒丢弃量计算公式为

一般工业固体废物倾倒丢弃量＝一般工业固体废物产生量－一般工业固体废物贮存量－（一般工业固体废物综合利用量－其中：综合利用往年贮存量）－（一般工业固体废物处置量－其中：处置往年贮存量）

危险废物产生量指调查年度调查对象实际产生的危险废物的量，包括利用处置危险废物过程中二次产生的危险废物的量。

危险废物利用处置量指调查年度调查对象从危险废物中提取物质作为原材料或者燃料的活动中消纳危险废物的量，以及将危险废物焚烧和用其他改变危险废物物理、化学、生物特性的方法，达到减少或者消除其危险成分的活动，或者将危险废物最终置于符合生态环境保护规定要求的填埋场的活动中，所消纳危险废物的量。包括本单位自行利用处置的本单位产生和接收外单位危险废物量。

危险废物的利用或处置方式：

代码	说明
危险废物（不含医疗废物）利用方式	
R1	作为燃料（直接燃烧除外）或以其他方式产生能量
R2	溶剂回收/再生（如蒸馏、萃取等）
R3	再循环/再利用不是用作溶剂的有机物
R4	再循环/再利用金属和金属化合物
R5	再循环/再利用其他无机物
R6	再生酸或碱
R7	回收污染减除剂的组分
R8	回收催化剂组分
R9	废油再提炼或其他废油的再利用
R15	其他
危险废物（不含医疗废物）处置方式	
D1	填埋
D9	物理化学处理（如蒸发、干燥、中和、沉淀等），不包括填埋或焚烧前的预处理
D10	焚烧
D16	其他
其他	
C1	水泥窑协同处置

代码	说明
C2	生产建筑材料
C3	清洗（包装容器）
	医疗废物处置方式
Y10	医疗废物焚烧
Y11	医疗废物高温蒸汽处理
Y12	医疗废物化学消毒处理
Y13	医疗废物微波消毒处理
Y16	医疗废物其他处置方式

危险废物上年末贮存量指截至调查年度的上一年年末，调查对象将危险废物以一定包装方式暂时存放在专设的贮存设施内的量。专设的贮存设施应符合《危险废物贮存污染控制标准》（GB 18597—2001）等相关环保法律法规要求，具有防扩散、防流失、防渗漏、防止污染大气和水体措施的设施。

危险废物利用处置往年贮存量指调查年度调查对象对往年贮存的危险废物进行处置和综合利用的量。

危险废物本年末贮存量指截至调查年度年末，调查对象将危险废物以一定包装方式暂时存放在专设的贮存设施内的量。专设的贮存设施应符合《危险废物贮存污染控制标准》（GB 18597—2001）等相关环保法律法规要求，具有防扩散、防流失、防渗漏、防止污染大气和水体措施的设施。

危险废物送持证单位量指将所产生的危险废物运往持有危险废物经营许可证的单位综合利用、进行处置或贮存的量。危险废物经营许可证是根据《危险废物经营许可证管理办法》由相应管理部门审批颁发。

14.2 工业企业污染防治投资情况

污染治理项目名称指以治理老污染源的污染、"三废"综合利用为主要目的的工程项目名称，或本年完成建设项目竣工环境保护验收的项目名称。

项目类型指按照不同的项目性质，老工业源污染治理项目分为两类，并给予不同的代码。

1-老工业污染源治理在建项目；2-老工业污染源治理本年竣工项目。

治理类型指按照不同的企业污染治理对象，污染治理项目分为14类：

1-工业废水治理；2-工业废气脱硫治理；3-工业废气脱硝治理；4-其他废气治理；5-一般工业固体废物治理；6-危险废物治理（企业自建设施）；7-噪声治理（含振动）；8-电磁辐射治理；9-放射性治理；10-工业企业土壤污染治理；11-矿山土壤污染治理；12-污染物自动在线监测仪器购置安装；13-污染治理搬迁；14-其他治理（含综合防治）。

本年完成投资及资金来源指在调查年度，企业实际用于环境治理工程的投资额。投资额中的资金来源，是指投资单位在本年内收到的用于污染治理项目投资的各种货币资金，包括政府其他补助和企

170

业自筹。各种来源的资金均为调查年度投入的资金，不包括以往历年的投资。

本年污染治理资金合计＝政府其他补助+企业自筹

竣工项目设计或新增处理能力设计能力指设计中规定的主体工程（或主体设备）及相应的配套的辅助工程（或配套设备）在正常情况下能够达到的处理能力。调查年度竣工的污染治理项目，属新建项目的填写设计文件规定的处理、利用"三废"能力；属改扩建、技术改造项目的填写经改造后新增加的处理利用能力，不包括改扩建之前原有的处理能力；只更新设备或重建构筑物，处理利用"三废"能力没有改变的则不填。

工业废水设计处理能力的计量单位为吨/天（t/d）；工业废气设计处理能力的计量单位为标米^3/时（m^3/h）；工业固体废物设计处理能力的计量单位为吨/天（t/d）；噪声治理（含振动）设计处理能力以降低分贝数表示；电磁辐射治理设计处理能力以降低电磁辐射强度表示［电磁辐射计量单位有：电场强度单位为伏特/米（V/m）、磁场强度单位为安培/米（A/m）、功率密度单位为瓦特/米^2（W/m^2）］。放射性治理设计处理能力以降低放射性浓度表示，废水计量单位为贝可勒尔/升（Bq/L），固体废物计量单位为贝可勒尔/千克（Bq/kg）。

14.3 农业污染排放情况

园地面积指种植以采集果、叶、根、茎、汁为主的多年生木本或草本作物，覆盖率大于50%，或每亩株数达到合理株数的70%的土地。包括果园、茶园、桑园以及其他等。园地面积数据来源于农业农村部门（与国家统计局共享的）统计数据，指标值同《中国统计年鉴》第"十二、农业"部分的"表12-8 农作物播种面积"，园地面积等于其中茶园、果园面积指标之和。

农作物总播种面积指包括粮食、棉花、油料、糖料、麻类、烟叶、蔬菜和瓜果、药材和其他农作物播种面积。农作物总播种面积数据来源于农业农村部门（与国家统计局共享的）统计数据，指标值同《中国统计年鉴》第"十二、农业"部分的"表12-8 农作物播种面积"中的【农作物总播种面积】。

化肥施用量指本年内实际用于种植业的化肥用量，包括氮肥、磷肥、钾肥和复合肥。化肥施用量要求按折纯量计算。折纯量是指把氮肥、磷肥、钾肥分别按含氮、含五氧化二磷、含氧化钾的百分比进行折算后的纯物质用量。复合肥按其所含主要成分折算。公式为折纯量=实物量×某种化肥有效成分含量的百分比。化肥施用量相应指标来源于农业农村部门（与国家统计局共享的）统计数据，指标值同《中国统计年鉴》第"十二、农业"部分的"表12-5 耕地灌溉面积和农用化肥施用量"中的【化肥施用量】及所含的氮肥、磷肥、钾肥、复合肥相应指标值。

出栏量指饲养动物年总出栏数量，生猪、肉牛和肉鸡填写。

存栏量指饲养动物的年均存栏数量，奶牛和蛋鸡填写。

规模化养殖场指饲养数量达到一定规模的畜禽养殖单元，其中，生猪≥500头（出栏）、奶牛≥

100头（存栏）、肉牛≥50头（出栏）、蛋鸡≥2 000羽（存栏）、肉鸡≥10 000羽（出栏）。

养殖户指饲养数量未达到规模化养殖场标准的畜禽养殖单元，其中，生猪＜500头（出栏）、奶牛＜100头（存栏）、肉牛＜50头（出栏）、蛋鸡＜2 000羽（存栏）、肉鸡＜10 000羽（出栏）。

出栏量、存栏量、规模化养殖场数量、养殖户数量指标来源于农业农村部门共享数据，指标值取自农业农村部《畜牧业统计调查制度》表号畜107表~畜111表，分别对应为5种畜禽的不同规模【场（户）数（个）】和【年出栏数/年末存栏数（万头/万只）】，并根据规模化养殖场与养殖户的划分界限，对所得数据进行归类加和处理。

水产品养殖产量指人工养殖的水产品产量，包括淡水产品产量和海水产品产量。水产品产量指标来源于农业农村部门（与国家统计局共享的）统计数据，指标值同《中国统计年鉴》第"十二、农业"部分的"表12-15 水产品产量"，水产品产量指标值等海水产品中的【人工养殖】与淡水产品中的【人工养殖】指标值之和。

14.4 生活污染排放及处理情况

全市常住人口指全市行政范围内的常住人口，常住人口指实际经常居住在某地区一定时间（半年以上，含半年）的人口。以统计部门数据为准。

城镇常住人口指居住在城镇范围内的全部常住人口，以统计部门数据为准。如无直接统计数据，可采用常住人口和常住人口城镇化率的乘积计算。

农村常住人口指全市常住人口中除城镇常住人口以外的人口数。

行政村个数指本辖区内村委会个数。村委会指根据宪法和其他相关法律法规的规定，按农村居住地区设立的基层群众性自治组织。以民政部门数据为准。

对生活污水进行处理的行政村个数指本辖区内按照国家和地方标准规范要求，对农村生活污水进行应治尽治，其中行政村内60%以上的自然村、自然村内60%以上的农户生活污水得到处理或资源化利用的行政村数。以生态环境部门农村环境整治成效评估数据为准。

城镇生活用水总量指调查年度内城镇范围内的居民家庭用水量、公共服务用水量和自备井取水量之和，但不包括城市浇洒道路和绿地的市政用水量、建筑行业用水量和供水过程的损耗量。以城市供水管理部门的统计数据为准。如果该县（市、区、旗）无法获得本指标，可结合本市人均综合生活用水量和县（市、区、旗）城镇常住人口进行估算。

生活污水污染物产生量指调查年度内各类生活源从贮存场所排入市政管道、排污沟渠和周边环境的量。

生活污水污染物排放量指调查年度内最终排入外环境生活污水污染物的量，即生活污水污染物产生量扣减经集中污水处理设施去除的生活污水污染物量。

生活及其他煤炭消费量指调查年度内调查区域除工业重点调查源以外所有用作生活及其他的煤炭总量，包括居民生活、第三产业和工业非重点调查源用煤等。生活及其他煤炭消费量计算公式为

生活及其他煤炭消费量=全社会煤炭消费总量−工业重点调查源煤炭消费总量

全社会煤炭消费总量以统计部门数据为准，工业重点调查源煤炭消费总量来自污染源统计工业调查。

生活及其他天然气消费量指调查年度内调查区域除工业重点调查源以外所有用作生活及其他天然气总量，包括居民生活、第三产业和工业非重点调查源用天然气等。生活及其他天然气消费量计算公式为：

生活及其他天然气消费量=全社会天然气消费总量−工业重点调查源天然气消费总量

全社会天然气消费总量以统计部门数据为准，工业重点调查源天然气消费总量来自排放源统计工业调查。

14.5 污水处理厂

污水处理厂包括城镇污水处理厂、工业废水集中处理厂、农村集中式污水处理设施和其他污水处理设施。

城镇污水处理厂指对进入城镇污水收集系统的污水进行净化处理的污水处理厂。城镇污水指城镇居民生活污水，机关、学校、医院、商业服务机构及各种公共设施排水，以及允许排入城镇污水收集系统的工业废水和初期雨水。

工业废水集中处理厂指提供社会化有偿服务，专门从事为工业园区、联片工业企业或周边企业处理工业废水（包括一并处理周边地区生活污水）的集中设施或独立运营的单位。不包括企业内部的污水处理设施。

农村集中式污水处理设施指乡、村通过管道、沟渠将乡建成区或全村污水进行集中收集后统一处理的污水处理设施或处理厂。

其他污水处理设施指对不能纳入城市污水收集系统的居民区、风景旅游区、度假村、疗养院、机场、铁路车站以及其他人群聚集地排放的污水进行就地集中处理的设施。

污水处理厂累计完成投资指截至调查年末调查对象建设实际完成的累计投资额，不包括运行费用。

新增固定资产指调查年度内交付使用的固定资产价值。对于新建污水处理厂，本年新增固定资产投资等于总投资；对于改建、扩建污水处理厂，本年新增固定资产投资仅指调查年度内交付使用的改建、扩建部分的固定资产投资，属于累计完成投资的一部分。

本年运行费用指调查年度内维持污水处理厂（或处理设施）正常运行所产生的费用。包括能源消耗、设备维修、人员工资、管理费、药剂费及与污水处理厂（或处理设施）运行有关的其他费用等，不包括设备折旧费。

污水设计处理能力指截至调查年末调查对象设计建设的设施正常运行时每天能处理的污水量。

污水实际处理量指调查对象调查年度内实际处理的污水总量。

生活污水处理量指调查对象调查年度内实际处理的污水中生活污水总量。

工业废水处理量指调查对象调查年度内实际处理的污水中工业废水总量。

其他来水处理量指调查对象调查年度内实际处理的除生活污水、工业废水以外的其他来水量，包括混入污水管网的雨水、河水、地下水、农业废水等。

再生水利用量指调查对象调查年度内处理后的污水中再回收利用的水量，包括直接用于工业冷却、洗涤、冲渣和景观用水、生活杂用。

工业用水量指调查对象调查年度内污水再生水利用量中用于工业冷却用水等工业方面的水量。

市政用水指调查对象调查年度内污水再生水利用量中用于消防、城市绿化等市政方面的水量。

景观用水量指调查对象调查年度内污水再生水利用量中用于营造城市景观水体和各种水景构筑物的水量。

污泥产生量指调查对象调查年度内在整个污水处理过程中最终产生污泥的质量。污泥指污水处理厂（或处理设施）在进行污水处理过程中分离出来的固体。

污泥含水率指污泥中所含水分的重量与污泥总重量之比的百分数。

污泥处置量指调查年度内采用土地利用、填埋、建筑材料利用和焚烧等方法对污泥最终消纳处置的质量。

土地利用量指调查年度内将处理后符合相关要求的污泥产物作为肥料或土壤改良材料，用于园林、绿化或农业等场合的处置方式处置的污泥质量。

填埋处置量指调查年度内采取工程措施将处理后的污泥集中堆、填、埋于场地内的安全处置方式处置的污泥质量。

建筑材料利用量指调查年度内将处理后的污泥作为制作建筑材料的部分原料的处置方式处置的污泥质量。

焚烧处置量指调查年度内利用焚烧炉使污泥完全矿化为少量灰烬的处置方式处置的污泥质量。

污泥倾倒丢弃量指调查年度内未做处理而将污泥任意倾倒弃置到划定的污泥堆放场所以外的任何区域的量。

14.6 生活垃圾处理场（厂）

垃圾处理场（厂）包括垃圾填埋场（厂）、堆肥场（厂）、焚烧场（厂）和其他方式处理垃圾的处理场（厂）。其中，垃圾焚烧场（厂）不包括垃圾焚烧发电厂，垃圾焚烧发电厂纳入工业源调查。

生活垃圾处理场（厂）累计完成投资指截至调查年末调查对象建设实际完成的累计投资额，不包括运行费用。

本年新增固定资产指调查年度内交付使用的固定资产价值。对于新建垃圾处理场（厂），本年新增固定资产投资等于总投资；对于改建、扩建垃圾处理场（厂），本年新增固定资产投资仅指调查年度内交付使用的改建、扩建部分的固定资产投资，属于累计完成投资的一部分。

本年运行费用指调查年度内维持垃圾处理场（厂）正常运行所产生的费用。包括能源消耗、设备维修、人员工资、管理费及与垃圾处理场（厂）运行有关的其他费用等，不包括设备折旧费。

处理能力指调查对象设计建设的对垃圾采取焚烧、填埋、堆肥或其他方式处理垃圾的设施，在计划期内和既定的组织技术条件下，所能处理垃圾的量。

本年实际处理量指调查年度内对垃圾采取焚烧、填埋、堆肥或其他方式处理的垃圾总质量。

本年实际填埋量指调查年度内以填埋方式处理的垃圾总质量。

本年实际堆肥量指调查年度内以堆肥方式处理的垃圾总质量。

本年实际焚烧处理量指调查对象调查年度内焚烧处理垃圾的总量。

渗滤液产生量指调查对象调查年度内实际产生的渗滤液量。如果没有计量装置，可按照产污系数计算产生量。

渗滤液排放量指调查对象调查年度内排放到外部的渗滤液的总量（包括经过处理的和未经处理的）。如果没有计量装置，可按照排污系数计算排放量。

渗滤液主要污染物产生量指调查年度内未经过处理的渗滤液中所含的化学需氧量、氨氮、油类、总磷、挥发酚、氰化物、砷和汞、镉、铅、铬等重金属污染物本身的纯质量。按年产生量填报。

渗滤液主要污染物排放量指调查年度内排放的渗滤液中所含的化学需氧量、氨氮、油类、总磷、挥发酚、氰化物、砷和汞、镉、铅、铬等重金属污染物本身的纯质量。按年排放量填报。

焚烧废气污染物产生量指调查年度内垃圾焚烧过程中产生的未经过处理的废气中所含的二氧化硫、氮氧化物、烟尘和汞、镉、铅等重金属及其化合物（以重金属元素计）的固态、气态污染物的纯质量。按年产生量填报。

焚烧废气污染物排放量指调查年度内垃圾焚烧过程中排放到大气中的废气（包括处理过的、未经过处理）中所含的二氧化硫、氮氧化物、烟尘和汞、镉、铅重金属及其化合物（以重金属元素计）的固态、气态污染物的纯质量。按年排放量填报。

14.7 危险废物（医疗废物）集中处理厂

危险废物集中处理厂指提供社会化有偿服务，将工业企业、事业单位、第三产业或居民生活产生的危险废物集中起来进行焚烧、填埋等处置或综合利用的场所或单位。不包括企业内部自建自用且不提供社会化有偿服务的危险废物处理装置。

医疗废物集中处置厂指将医疗废物集中起来进行处置的场所。不包括医院自建自用且不提供社会化有偿服务的医疗废物处理设施。但具有危险废物经营许可证的医院纳入调查。

其他企业协同处置指企事业单位在从事生产过程的同时还接受社会其他单位委托，利用其设施处理危险废物。

危险废物（医疗废物）集中处理厂累计完成投资指截至调查年末调查对象建设实际完成的累计投资额，不包括运行费用。

新增固定资产指调查年度内交付使用的固定资产价值。对于新建危险废物（医疗废物）集中处置厂，本年新增固定资产投资等于总投资；对于改建、扩建危险废物（医疗废物）集中处置厂，本年新增固定资产投资仅指调查年度内交付使用的改建、扩建部分的固定资产投资，属于累计完成投资的一部分。

本年运行费用指调查年度内维持危险废物集中处理厂正常运行所产生的费用。包括能源消耗、设备维修、人员工资、管理费及与危险废物集中处理厂运行有关的其他费用等，不包括设备折旧费。

本年实际处置危险废物量指调查年度内调查对象将危险废物焚烧和用其他改变危险废物的物理、化学、生物特性的方法，达到减少已产生的危险废物数量、缩小危险废物体积、减少或者消除其危险成分的活动，或者将危险废物最终置于符合环境保护规定要求的填埋场的活动中，所消纳危险废物的量。

处置工业危险废物量指调查对象调查年度内采用各种方式处置的工业危险废物的总量。医疗废物集中处理厂不得填写该项指标。

处置医疗废物量指调查对象调查年度内采用各种方式处置的医疗废物的总量。

处置其他危险废物量指调查对象调查年度内采用各种方式处置的除工业危险废物和医疗废物以外其他危险废物的总质量，如教学科研单位实验室、机械电器维修、胶卷冲洗、居民生活等产生的危险废物。医疗废物集中处理厂不得填写该项指标。

危险废物接收量指调查年度内调查对象全年接收的危险废物总质量。

综合利用能力指在调查年度内调查对象（或某生产线）参与废物利用的全部设备和构筑物，在既定的组织技术条件下所能利用危险废物的量。

本年实际利用量指调查对象年度内容以综合利用方式处理的危险废物总质量。

本年实际填埋处置量指调查对象调查年度内以填埋方式处置的危险废物总质量。

本年实际焚烧处置量指调查对象调查年度内以焚烧方式处置的危险废物总质量。

渗滤液产生量指调查对象调查年度内实际产生的渗滤液量。如果没有计量装置，可按照产污系数计算产生量。

渗滤液排放量指调查对象调查年度内排放到外部的渗滤液的总量（包括经过处理的和未经处理的）。如果没有计量装置，可按照排污系数计算排放量。

渗滤液处理量指调查对象调查年度内废水处理设施实际处理的废水总量。未经处理排入市政管网且未进入其他污水处理厂的量不计。

渗滤液污染物产生量指调查年度内未经过处理的渗滤液中所含的汞、镉、铅、铬等重金属和砷、氰化物、挥发酚、化学需氧量、氨氮、总磷等污染物本身的纯质量。按年产生量填报。

渗滤液污染物排放量指调查年度内排放的渗滤液中所含的汞、镉、铅、总铬等重金属和砷、氰化物、挥发酚、石油类、化学需氧量、氨氮、总磷等污染物本身的纯质量。按年排放量填报。

焚烧废气污染物产生量指调查年度内危险废物焚烧过程中排放到大气中的二氧化硫、氮氧化物、烟尘和汞、镉、铅等重金属及其化合物（以重金属元素计）的固态、气态污染物的纯质量。按年产生量填报。

焚烧废气污染物排放量指调查年度内危险废物焚烧过程中排放到大气中的废气（包括处理过的、未经过处理）中所含的二氧化硫、氮氧化物、烟尘和汞、镉、铅等重金属及其化合物（以重金属元素计）的固态、气态污染物的纯质量。按年排放量填报。

14.8 移动源

机动车指以动力装置驱动或者牵引，上道路行驶的供人员乘用或者用于运送物品以及进行工程专项作业的轮式车辆。

载客汽车指设计和技术特性上主要用于载运人员的汽车，包括以载运人员为主要目的的专用汽车。

载货汽车指设计和技术特性上主要用于载运货物或牵引挂车的汽车，包括以载运货物为主要目的的专用汽车。

低速汽车指三轮汽车和低速货车的总称。

摩托车指由动力装置驱动的，具有两个或三个车轮的道路车辆，但不包括：①整车整备质量超过400千克的三轮车辆；②最大设计车速、整车整备质量、外廓尺寸等指标符合有关国家标准的残疾人移动源轮骑车；③电驱动的，最大设计车速不大于20千米/时且整车整备质量符合相关国家标准的两轮车辆。

14.9 化学品环境国际公约管控物质生产或库存总体情况

全氟辛基磺酸及其盐类和全氟辛基磺酰氟、六溴环十二烷、十溴二苯醚、短链氯化石蜡、全氟辛酸及其相关化合物的定义和范围依照《关于持久性有机污染物的斯德哥尔摩公约》及其修正案（中文版）中的规定。汞的定义和范围依照《关于汞的水俣公约》（中文版）中的规定。

14.10　生态环境管理

来信总数指调查年度各级生态环境部门接收的书面来信数量。在信访办理有效期（60日）内重复来信的只统计为一件，但已办结的来信件重复来信的应再次统计；只统计本级接收的来信，不统计上级转交下级办理的来信数量；一次提出多个问题的来信统计为一件。

来访批次指调查年度各级生态环境部门接待上访人员的批次。

来访人数指调查年度各级生态环境部门接待上访人员的人次。

在信访办理有效期（60日）内重复来访的只统计为一件，但信访事项已办结后的件重复来访的应再次统计；只统计本级接待的来访，不统计上级转交下级办理的来访数量；一次提出多个问题的来访统计为一件。

来信、来访已办结数量指调查年度信访件办理部门（单位）已办理完成的数量，即对信访件交办单位或信访人已有回复意见的信访件数量。承办上级交办的信访件不统计，一次提出多个问题的信访件必须所有问题全部回复方可统计为已办结数。

承办的人大建议数指国家、省、市、县生态环境部门承办的本年度本级人大代表建议数总和。

承办的政协提案数指国家、省、市、县生态环境部门承办的本年度本级政协提案数总和。

当年受理行政复议案件数指调查年度内本级生态环境部门受理的所有行政复议案件数（含非生态环境案件），包括已受理但未办结的案件，但不包含非本统计年受理而在本统计年内办理或办结的案件。

当年颁布地方性生态环境法规数指调查年度内由本级地方人大及其常委会颁布的新制定或者修订的，且范围限于由生态环境部门牵头起草的地方性生态环境法规数量。

当年废止地方性生态环境法规数指调查年度内由本级地方人大及其常委会颁布废止的，且范围限于由生态环境部门牵头起草的地方性生态环境法规数量。

现行有效的地方性生态环境法规总数指调查年度内由本级地方人大及其常委会颁布的现行有效的，且范围限于由生态环境部门牵头起草的地方性生态环境法规总数。

当年颁布地方性生态环境规章数指调查年度内由本级地方人民政府新制定或者修订，以政府令形式颁布的，且范围限于由生态环境部门牵头起草的地方性生态环境规章。

当年废止地方性生态环境规章数指调查年度内由本级地方人民政府以政府令形式颁布废止的，且范围限于由生态环境部门牵头起草的地方性生态环境规章。

现行有效的地方性生态环境规章总数指调查年度内由本级地方人民政府新制定或者修订，以政府令形式颁布的现行有效的，且范围限于由生态环境部门牵头起草的地方性生态环境规章。

当年发布的地方生态环境质量和污染物排放标准数量指调查年度内本级生态环境部门组织制定

的、以地方标准形式发布的环境质量标准、污染物排放（控制）标准数量。

当年开展强制性清洁生产审核评估企业数指调查年度内本级生态环境部门组织开展强制性清洁生产审核评估的企业数，包括通过评估和未通过评估的企业总数，以生态环境部门出具的评估意见或结论时间为准。

工业集聚区总数指辖区内经济技术开发区、高新技术产业开发区、出口加工区等工业集聚区的数量。

建成集中污水处理设施的工业集聚区数指按照《水污染防治行动计划》及各省（自治区、直辖市）工作进度安排要求，建成污水集中处理设施的工业集聚区的数量。

建成集中污水处理设施的工业集聚区比例指按照《水污染防治行动计划》及各省（自治区、直辖市）工作进度安排要求，建成污水集中处理设施的工业集聚区的比例（%）。

集中污水处理设施安装自动在线装置的工业集聚区数指按照《水污染防治行动计划》及各省（自治区、直辖市）工作进度安排要求，安装自动在线监控装置的工业集聚区的数量。

集中污水处理设施安装自动在线装置的工业集聚区比例指按照《水污染防治行动计划》及各省（自治区、直辖市）工作进度安排要求，安装自动在线监控装置的工业集聚区的比例（%）。

执行并达到一级 A 或严于一级 A 标准的污水处理厂数指按照《水污染防治行动计划》及各地水质改善要求，执行并全面达到一级 A 或严于一级 A 标准的污水处理厂数量。

安装自动在线监控装置或开展自行监测的企业数量指根据相关规定规范，安装自动在线监控装置或开展自行监测，有完备的污染物排放监测数据记录的企业数。

海洋石油勘探开发污染物排放入海情况中：

生产水指海上钻井平台、油气生产设施等在生产、勘探过程中产生的废水。

泥浆指钻井泥浆，用于石油勘探开发钻井过程中润滑和冷却钻头、平衡地层压力和稳定井壁，由水或油、黏土、化学处理剂及一些惰性物质组成的混合物。

钻屑指在钻井过程中，钻头在地层研磨、切削破碎后，由钻井液从井内带至地面的岩石碎块。

机舱污水指施工船舶在海洋石油勘探作业航行过程中所产生的废水（包含燃料油、润滑油等残留污水）。

食品废弃物指可食用物在烹煮前食材物料处理所剩，或食用后所剩之统称。

生活污水指海上钻井平台、油气生产设施区内厨房、洗手间排放的含有洗涤剂的污水，厕所排出的含粪、尿的污水以及医疗室排除的废水。

消油剂学名"溢油分散剂"指用来减少溢油与水之间的界面张力，从而使油迅速乳化分散在水中的化学药剂。

环境监测业务经费指各级生态环境部门环境监测业务经费保障情况。其中，本级经费包括应列入本级财政预算的人员经费、公用经费、行政事业类项目经费、能力建设项目经费及科研经费等；专项经费包括上级补助性收入、专项转移支付资金、专项课题经费等；事业收入指开展监测服务活动所取得的收入。

环境监测用房面积指开展环境监测工作所需的实验室用房、监测业务用房、监测站房等面积，包括租赁用房。

监测仪器设备台（套）数指基本仪器设备、应急监测仪器设备和专项监测仪器设备等各类监测仪器设备的数量。

监测仪器设备原值总值指基本仪器设备、应急监测仪器设备和专项监测仪器设备等各类监测仪器设备的购置总金额。

环境空气监测点位数指按照《环境空气质量监测点位布设技术规范（试行）》建设，包含环境空气质量评价城市点、环境空气质量评价区域点、环境空气质量背景点、污染监控点、路边交通点等已建成并使用的监测点位。

其中：

国控监测点位数指位于本辖区、由国家批准纳入国家城市环境空气质量监测网络的空气监测点位数。

酸雨监测点位数指研究酸雨的时空分布及长期变化的酸雨观测站。

沙尘天气影响环境质量监测点位数指监测沙尘天气对环境质量影响的监测点位。

地表水水质监测断面（点位）数指用于对江河、湖泊、水库和渠道的水质监测，包括向国家直接报送监测数据的国控网站、省级、市级、县级控制断面（或垂线）的水质监测点位（断面）。

其中：

国控断面（点位）数指位于本辖区、由国家组织实施监测的，为反映水体水质状况而设置的监测点位数。

自动监测断面（点位）数指用于对江河、湖泊、水库和渠道的水质实时连续监测和远程监控的地表水水质自动站的点位。

地下水监测点位数指位于本辖区、为反映地下水水质状况而设置的监测点位数。

集中式饮用水水源地监测点位数指用以监控水源水质变化情况及趋势，为防控风险而设立的监测断面数，包括地表水饮用水水源地和地下水饮用水水源地。

其中：

地下水监测点位数指位于本辖区、为反映地下水集中式饮用水水源地水质状况而设置的监测点位数。

地表水监测点位数指位于本辖区、为反映地表水集中式饮用水水源地水质状况而设置的监测点位数。

海洋监测点位数指用于海洋环境质量监测、生态状况监测、专项监测（如海洋温室气体、海水酸化、缺氧、微塑料、海洋放射性等）监督监测的点位数。

海洋国控监测点位数指位于本辖区、由国家组织实施监测的，为反映海洋水质状况而布设的监测点位数。

近岸海域环境功能区点位数指位于本辖区的、为反映近岸海域功能区环境质量而布设的监测点位数量。与近岸海域环境质量点位重合的点位应分别统计。

近岸海域环境质量点位数指位于本辖区的、为反映近岸海域环境质量而布设的环境监测点位数量。与近岸海域环境功能区监测点位重合的点位应分别统计。

土壤监测点位数指位于本辖区、为反映土壤质量状况而设置的监测点位数。

其中：

国控点位数指位于本辖区、由国家组织实施监测的，为反映土壤质量状况而设置的监测点位数。

开展环境噪声监测的监测点位数指区域噪声、道路交通噪声、功能区环境噪声监测点位的总和。

其中：

区域环境噪声监测点位数指为评价城市环境噪声总体水平而布设的、本级承担监测任务的监测点位数。

道路交通噪声监测点位数指为评价城市道路交通噪声源总体水平而布设的、本级承担监测任务的监测点位数。

功能区环境噪声监测点位数指为评价声环境功能区昼、夜间达标情况而布设的、本级承担监测任务的监测点位数。

区域噪声、道路交通噪声、功能区环境噪声监测点位互相重合的点位应分别统计。

开展污染源监督监测的重点排污单位数指按照相关要求开展污染源监督监测的重点排污单位数。重点排污单位指按照生态环境部《企业事业单位环境信息公开办法》（环境保护部令第31号），由设区的市级人民政府生态环境主管部门根据本行政区域的环境容量、重点污染物排放总量控制指标的要求及排污单位排放污染物的种类、数量和浓度等因素，确定本行政区域内重点排污单位名录。污染源监督监测指生态环境主管部门为监督排污单位的污染物排放状况和自行监测工作开展情况组织开展的环境监测活动。

已实施自动监控的重点排污单位数指根据污染源自动监控工作进展情况，至本调查年度末在生态环境部门污染源监控中心已经实现自动监控的重点排污单位数。

水排放口数指已实施自动监控重点排污单位中，生态环境部门污染源监控中心能够实施自动监控的水排放口数。

气排放口数指已实施自动监控重点排污单位中，生态环境部门污染源监控中心能够实施自动监控的气排放口数。

化学需氧量监控设备与生态环境部门稳定联网数指已实施自动监控重点排污单位中，其化学需氧量自动监控设备正常运行、自动监控数据（浓度和排放量）能通过数据采集与传输设备与生态环境部门污染源监控中心稳定联网报送的企业数。

氨氮监控设备与生态环境部门稳定联网数指已实施自动监控重点排污单位中，其氨氮自动监控设备正常运行、自动监控数据（浓度和排放量）能通过数据采集与传输设备与生态环境部门污染源监控中心稳定联网报送的企业数。

二氧化硫监控设备与生态环境部门稳定联网数指已实施自动监控重点排污单位中，其二氧化硫自动监控设备正常运行、自动监控数据（浓度和排放量）能通过数据采集与传输设备与生态环境部门污染源监控中心稳定联网报送的企业数。

氮氧化物监控设备与生态环境部门稳定联网数指已实施自动监控重点排污单位中，其氮氧化物自动监控设备正常运行、自动监控数据（浓度和排放量）能通过数据采集与传输设备与生态环境部门污染源监控中心稳定联网报送的企业数。

烟尘监控设备与生态环境部门稳定联网数指已实施自动监控重点排污单位中，其烟尘自动监控设备正常运行、自动监控数据（浓度和排放量）能通过数据采集与传输设备与生态环境部门污染源监控中心稳定联网报送的企业数。

举办环境执法岗位培训班期数指调查年度内省级生态环境部门举办环境执法岗位培训班期数。

环境执法岗位培训人数指调查年度内，参加省级环境执法岗位培训并考核通过的人数。

举办其他环境执法业务培训期数指调查年度内，本级环境执法机构组织的除岗位培训外的其他业务培训班期数。

环境执法其他业务培训人数指调查年度内本级环境执法机构举办的其他业务培训的参加人数。

纳入日常监管随机抽查信息库的污染源数量指调查年度内，本级生态环境部门按照《关于在污染源日常环境监管领域推广随机抽查制度的实施方案》要求，列入本级污染源日常监管动态信息库的排污单位数量。

日常监管随机抽查污染源数量指调查年度内，本级生态环境部门按照《关于在污染源日常环境监管领域推广随机抽查制度的实施方案》要求，在日常监管中随机抽查污染源的数量。

下达处罚决定书数指调查年度内，本级生态环境部门下达行政处罚决定书的数量。

罚没款数额指调查年度内，本级生态环境部门罚没款的总额。

当年突发环境事件发生数指调查年度内本级生态环境部门处置的所有突发环境事件数。包括已处置但未办结的突发环境事件，但不包含非本统计年发生而在本统计年内处置或办结的突发环境事件。

当年受理群众电话举报件数指调查年度内本级生态环境部门通过电话（包含"12369"生态环境举报热线、"12345"政府服务热线及其他座机电话）受理的所有群众举报件数。包括已受理但未办结的举报件，但不包含非本统计年受理而在本统计年内办理或办结的举报件。

当年受理群众网络举报件数指调查年度内本级生态环境部门通过网络平台受理的所有群众举报件数。包括已受理但未办结的举报件，但不包含非本统计年受理而在本统计年内办理或办结的举报件。

当年受理群众微信举报件数指调查年度内本级生态环境部门通过微信受理的所有群众举报件数。包括已受理但未办结的举报件，但不包含非本统计年受理而在本统计年内办理或办结的举报件。

重大环境风险企业数指按照《突发环境事件应急管理办法》，开展突发环境事件风险评估后确定重大环境风险等级的企业数。

较大环境风险企业数指按照《突发环境事件应急管理办法》，开展突发环境事件风险评估后确定较大环境风险等级的企业数。

一般环境风险企业数指按照《突发环境事件应急管理办法》，开展突发环境事件风险评估后确定一般环境风险等级的企业数。

已完成突发环境事件应急预案备案的企业事业单位数量指按照《企业事业单位突发环境事件应急预案备案管理办法（试行）》要求，辖区内已依法完成环境应急预案备案的企业数量。

应进行突发环境事件应急预案备案的企业事业单位数量指按照《企业事业单位突发环境事件应急预案备案管理办法（试行）》要求，辖区内应当依法进行环境应急预案备案的企业数量。

各级生态环境部门突发环境事件应急预案备案数量指按照《突发环境事件应急管理办法》要求，县级以上地方生态环境部门应当根据本级人民政府突发环境事件专项应急预案，制定本部门的应急预案，报本级人民政府和上级生态环境部门备案。地市级生态环境部门根据辖区内各地突发环境事件专项应急预案备案情况，上报备案数量。

各级人民政府突发环境事件应急预案备案数量指按照国务院办公厅印发的《突发事件应急预案管理办法》要求，省级生态环境部门根据辖区内政府突发环境事件应急预案备案情况，上报备案数量。

地级以上城市启动重污染天气应急预案频次指按季度统计行政区内各地级以上城市启动各级别应急预案的次数、持续天数。

建设项目环评文件审批数量指调查年度内批复的建设项目环境影响报告书和环境影响报告表数量，包含非本年度受理但在本年度批复的项目数量。

建设项目环境影响登记表备案数量指调查年度内备案的建设项目环境影响登记表数量。

审批环评的建设项目投资总额指调查年度内批复环评文件的建设项目投资总额，包含非本年度受理但在本年度批复环评文件的项目。

审批环评的建设项目环保投资总额指调查年度内批复环评文件的建设项目环保投资总额，包含非本年度受理但在本年度批复环评文件的项目。

当年完成环保验收项目环保投资指调查年度完成环保验收项目环保投资的汇总数额。

生态影响类项目指交通运输（公路，铁路，城市道路和轨道交通，港口和航运，管道运输等）、水利水电、石油和天然气开采、矿山采选、电力生产（风力发电）、农业、林业、牧业、渔业、旅游等行业和海洋、海岸带开发、高压输变电线路等主要对生态造成影响的建设项目。

城市基础设施项目指根据《建设项目环境影响评价分类管理目录》，城市基础设施建设项目包括城市基础设施及房地产（U类）中煤气生产和供应，城市天然气供应，热力生产和供应，自来水生产和供应，生活污水集中处理，工业废水集中处理，海水淡化、其他水处理利用，管网建设，生活垃圾集中转运站，生活垃圾集中处置，城镇粪便处理，危险废物（含医疗废物）集中处置，仓储，城镇河道、湖泊整治以及废旧资源回收加工再生类别的建设项目。

工业企业项目指根据《建设项目环境影响评价分类管理目录》，工业企业项目包括煤炭（D类），电力 [E类，不含其他能源发电、送（输）变电工程类别]，黑色金属（G类），有色金属（H类），金属制品（I类），非金属矿采及制品制造（J类），机械、电子（K类），石化，化工（L类），医药（M类），轻工（N类），纺织化纤（O类）类别的建设项目。

　　新增废水处理设施能力指建设项目新增的废水处理设施处理能力，数据来源于建设项目竣工环境保护"三同时"验收登记表。

　　新增废气处理设施能力指建设项目新增的废气处理设施处理能力，数据来源于建设项目竣工环境保护"三同时"验收登记表。